我的动物朋友

常丁丁⊙编者

动物王国探索
之旅

体验自然，探索世界，关爱生命——我们要与那些野生的动物交流，用我们的语言、行动、爱心去关怀理解并尊重它们。

延边大学出版社

图书在版编目（CIP）数据

动物王国探索之旅 / 常丁丁编著 . —延吉：延边
大学出版社 , 2013 . 4（2021 . 8 重印）
　（我的动物朋友）
　ISBN 978-7-5634-5559-1

　Ⅰ . ①动… 　Ⅱ . ①常… 　Ⅲ . ①动物－青年读物 ②动物
－少年读物 　Ⅳ . ① Q95-49

中国版本图书馆 CIP 数据核字 (2013) 第 087253 号

动物王国探索之旅
编著：常丁丁
责任编辑：李宗勋
封面设计：映像视觉
出版发行：延边大学出版社
社址：吉林省延吉市公园路 977 号　邮编：133002
电话：0433-2732435 传真：0433-2732434
网址：http://www.ydcbs.com
印刷：三河市祥达印刷包装有限公司
开本：16K　165×230
印张：12 印张
字数：120 千字
版次：2013 年 4 月第 1 版
印次：2021 年 8 月第 3 次印刷
书号：ISBN 978-7-5634-5559-1
定价：36.00 元

前 言

　　人类生活的蓝色家园是生机盎然、充满活力的。在地球上，除了最高级的灵长类——人类以外，还有许许多多的动物伙伴。它们当中有的庞大、有的弱小，有的凶猛、有的友善，有的奔跑如飞、有的缓慢蠕动，有的展翅翱翔、有的自由游弋……它们的足迹遍布地球上所有的大陆和海洋。和人类一样，它们面对着适者生存的残酷，也享受着七彩生活的美好，它们都在以自己独特的方式演绎着生命的传奇。

　　在动物界，人们经常用"朝生暮死"的蜉蝣来比喻生命的短暂与易逝。因此，野生动物从不"迷惘"，也不会"抱怨"，只会按照自然的安排去走完自己的生命历程，它们的终极目标只有一个——使自己的基因更好地传承下去。在这一目标的推动下，动物们充分利用了自己的"天赋异禀"，并逐步进化成了异彩纷呈的生命特质。由此，我们才能看到那令人叹为观止的各种"武器"、本领、习性、繁殖策略等。

　　例如，为了保住性命，很多种蜥蜴不惜"丢车保帅"，进化出了断尾逃生的绝技；杜鹃既不孵卵也不育雏，而采用"偷梁换柱"之计，将卵产在画眉、莺等的巢中，让这些无辜的鸟儿白费心血养育异类；有一种鱼叫七鳃鳗，长大后便用尖利的牙齿和强有力的吸盘吸附在其他大鱼身上，靠摄取寄主的血液完成从变形到产卵的全过程；非洲和中南美洲的行军蚁能结成多达1000万只的庞大群体，靠集体的力量横扫一切……由此说来，所谓的狼的"阴险"、毒蛇的恐怖、鲨鱼的"凶残"，乃至老鼠令人头疼的高繁殖率、蚊子令人讨厌的吸血性等，都只是自然赋予它们的一种独特适应性而已，都是它们的生存之道。人是智慧而强有力的动物，但也只是自然界的一份子，我们应该用平等的眼光去看待自然界中的一切生灵，而不应时刻把自己当成所谓的万物的主宰。

人和动物天生就是好朋友，人类对其他生命形式的亲近感是一种与生俱来的天性，只不过许多人的这种亲近感被现实生活逐渐磨蚀或掩盖掉了。但也有越来越多的人，在现实生活的压力和纷扰下，渐渐觉得从动物身上更能寻求到心灵的慰藉乃至生命的意义。狗的忠诚、猫的温顺会令他们快乐并身心放松；而野生动物身上所散发出的野性特质及不可思议的本能，则令他们着迷甚至肃然起敬。

衷心希望本书的出版能让越来越多的人更了解动物，更尊重生命，继而去充分体味人与自然和谐相处的奇妙感受。并唤起读者保护动物的意识，积极地与危害野生动物的行为作斗争，保护人类和野生动物赖以生存的地球，为野生动物保留一个自由自在的家园。

编　者

2012.9

目 录

第一章　探寻鸟类王国

第三章 探知昆虫家族

第四章 揭秘两栖爬行动物

第五章　求知水底世界

第一章

探寻鸟类王国

　　1.5亿年前，地球上就已经出现了鸟类。鸟类的种类繁多，生态多样，但大部分鸟类都具有飞行能力。令人们不可思议的是，鸟类能够定向飞行，而不会迷路。曾有人指出，一部分鸟类是依据地球磁场来定向导航的，也有人认为鸟类是靠太阳和星辰来辨别方向的。那么鸟类为什么会有迁徙的习性呢，究竟它们身上还有多少我们不知道的秘密呢？

为什么麻雀要沙浴?

　　鸟类特别喜欢干净卫生，只要它们一停下来，就会想办法整理自己的羽毛。为了去掉身上的灰尘和污垢，保持自己的整洁，小鸟经常用水洗澡。人们平时饲养的金丝雀、文鸟等都有洗澡的习惯，即使严冬也不例外。

　　我们经常可以看到麻雀在沙子里，先用小爪子扒个小坑，然后全身趴下，迅速地抖擞着身体，并用两翅不停地拍打拨起沙子。有时，麻雀还会在沙子里不停地滚动，同时扑腾着羽毛，好像在享受沙浴带来的快乐，场面异常热闹。

动物小知识

　　麻雀通常都住在屋檐下，是人类的邻居。有时候农民伯伯成熟了的粮食，要在家里的地面或房顶晒干，才能储存下来。晒在地上的粮食，就会被屋檐下的小麻雀偷吃掉，所以人们把麻雀叫做"家贼"！

　　由于麻雀长期生活在野外，不像人类饲养的鸟类那样具有优厚的生活条件，有时候它并不一定能找到洗澡的地方，因此只好用沙子代替水了。

　　小鸟"沙浴"，只是鸟类的一种习性。麻雀的沙浴习惯，是通过沙砾摩擦皮肤，以达到清洁皮肤和除去体外寄生虫的目的，它是一种能够增强皮肤健康的活动方式。喜欢洗"沙浴"的麻雀一见到干净的细沙就非常高兴。

　　其他的鸟类和禽类也有沙浴的习性，如生活在山里的野鸡、山鸡和鹌鹑等飞禽，很少有便利的洗澡条件，因此，它们只好用沙子来洗涤身上的污垢和羽虱了。鸡的身上生有许多小虫，为了去掉这些小虫，鸡就用身体在地面上摩擦，使羽毛上粘满沙粒，然后用力抖擞，这样，羽毛上的小虫子也就随着沙子一起抖掉了。

为什么鸡不长牙齿?

鸡在啄食时,能够一口气吞下许多米,连嚼都不嚼。如果我们仔细观察鸡吃米的动作,就会发现原来鸡根本没长牙齿,这是什么缘故呢?

很久以前,鸡和别的鸟类一样,也是会飞翔的。为了适应飞翔的生活,鸟类在进化的过程中养成了一种特别的取食方式。比如不用牙齿,而是用喙嘴来啄食;也没有膀胱,不在体内贮存尿液,产生的尿液连同粪便一块排出体外;食道的一部分膨大后形成嗉囊,嗉囊可以暂存和软化食物。鸟类飞行时总是边飞边觅食,迅速吞下捕获来的食物,存到嗉囊中,然后直接送到胃里,胃的砂囊里有小石子可以磨碎食物,然后再进行消化吸收。这样进行取食,牙齿就没有存在的必要了。这就是鸡和鸟类没有牙齿的原因。

动物小知识

鸡的领地意识很强,不容陌生一方侵占。每当两群鸡迎面相逢,必有一场大战,双方会摆出阵势,有点像今天足球比赛的阵形。多数情况下,兵对兵,将对将,公鸡斗公鸡,母鸡斗母鸡。偶尔会有一对二或几只母鸡对一只公鸡厮杀。

后来,尽管由于人类的驯养鸡已经不再需要靠飞翔觅食了,其飞行的本领也慢慢退化了,但是它的这种取食方式还是和鸟类的相同。

鸭子走路为什么老是一摇一摆？

　　如果我们仔细观察鸭子走路的姿态，就会发现它的脖子伸得很长，挺着胸，一摇一摆往前走。为什么鸭子一摇一摆地走路呢？这和鸭子的生活习性有着密切关系。

　　鸭子在水中生活。在漫长的进化中，鸭子的脚的三个前趾之间形成了蹼，胸部又宽又平。为了游得更快，鸭子就必须增大蹼与水的接触面积，这样就增加了前进的推力，脚的位置相应地稍微后移。鸭子在登陆时，由于双脚不在身体中央，相应的重心不在两脚之间，身体就会向前倾倒。为了促使身体保持平衡，鸭子就会将身体的重心向后移到双脚处；同时，鸭子的腿很短，能带动身体一起摆动，因此，鸭子走起路来就一摇一摆了。

动物·小·知识

为什么鸭子在冰冷的水中欢快地游乐，而毫无寒意呢？原来鸭子身上长满了浓密的羽毛，羽毛中贮存有空气，能起到很好的隔热作用。冬天我们穿的鸭绒衣、盖的鸭绒被，能够感觉到温暖，就是这个原因。

鸭子和鸡一样，虽然长着翅膀却不能飞行。很久以前，野鸡、野鸭在森林里自由地飞翔。后来，它们被人们捉来在笼子里喂养，慢慢习惯了笼养生活，渐渐地变成了肥胖的家鸡、家鸭。鸭子翅膀的功能也渐渐退化，虽然有翅膀，但也飞不高了。

为什么猫头鹰是"夜间猎手"？

　　猫头鹰以捕食田鼠为生。每到夏日的夜晚，田野一片寂静的时候，田鼠就会从洞中探出头来，东张张，西望望，然后一头钻进旁边的花生地里。突然，一个巨大的黑影无声无息地从天而降，还没等田鼠弄清发生了什么事，一双利爪已深深地扎进了它的皮肉……它，就是鸟中之怪——猫头鹰。

　　猫头鹰为什么会在夜里捕食田鼠呢？这还要从它自身特殊的结构谈起。猫头鹰虽然是鸟类，但因为它的脸圆圆的，与猫脸很相像，因此人们称它为猫头鹰。在猫头鹰的圆脸上有一双大眼睛，在夜间能发出浅黄色的光彩。猫头鹰眼睛的视网膜主要是由对微弱光线有灵敏反应的视杆细胞构成的，它的视觉所需的亮度仅仅是人类所需要的最低亮度的1~10%。这样，猫头鹰的视力就比常人的高出几十倍到上百倍。另外，猫头鹰的双眼朝前，总视野跨度极大，其中60°~70°是重合的，这无疑大大提高了其视觉功能。

动物小知识

　　在非洲有种猫头鹰，眼睛可以发出像手电筒般的光，而且亮度可以调节，当地土著居民就利用它来捕猎，更为神奇的是，猫头鹰眼睛里发出的光照在动物的眼睛上，动物竟然毫无察觉。据非洲当地人说，猫头鹰的眼睛射出的光可以让猎物呆立不动。

　　但是到了白天，火眼金睛的猫头鹰就成了地道的睁眼瞎，眼睛里的视杆细胞完全失去了作用。

　　猫头鹰的视力很集中，能够清楚地分辨出景物的前后距离，以帮助它在黑夜里确定捕捉目标。猫头鹰的视力虽然很好，但是眼睛却不能够转动。如果猫头鹰想看看四周，唯一的办法是转头：它的脖子能转180°，而且转得非常快。猫头鹰耳朵的耳孔很大，耳壳极其发达，即使是地面上一些小动物发出的轻微活动声音，它都能听到。它的羽毛很柔软，飞起来轻盈得像一阵微风。由于猫头鹰只能在夜间活动，所以人们都称它为"夜间猎手"。

为什么火烈鸟一身红色?

　　火烈鸟喜欢群居生活,当今世界上最大的鸟群是非洲的火烈鸟群。严格来说,火烈鸟并不是候鸟。它们只在食物短缺和环境突变的时候才会迁徙。为了避开猛禽类的袭击,火烈鸟一般在晚上迁徙,迁徙中的火烈鸟每晚可以50~60千米的时速飞行600千米。

　　火烈鸟与普通动物通过伪装的方式以逃避天敌不同,其羽毛鲜艳的颜色似乎特别引人注目,尤其是一大群火烈鸟一起飞翔时,其场面更为壮观。因此,火烈鸟事实上是一种很容易被攻击的动物。这种鲜艳的红色并非是一种伪装,而是与这种鸟类所摄取的食物有很大的关系。

　　火烈鸟为什么一身火红色呢?原来,肯尼亚裂谷区共有8个湖泊,其中6个是咸水湖。这些湖泊地处大裂谷的谷底,都是地壳发生剧烈变动形成的火山湖。火山喷发后飘散的熔岩灰,经雨水的冲刷流入湖中,而这些湖泊都没有出水口。这样,长年累月,造成湖水中盐碱质沉积。这种盐碱水质和赤道线上强烈的阳光,有利于藻类滋生。在这些湖泊中,生长着暗绿色的螺旋藻,特别是在库鲁湖和纳特龙湖,这种藻类更多,是火烈鸟赖以生存的主要食物。

　　火烈鸟长有一个极其别致的长喙,长喙上平下弯,尖端呈钩状。每次到浅滩觅食时,火烈鸟就会把头埋到水中,用其长喙在水中搅动。这样,水中的有机物,尤其是那些藻类浮游生物,就会飘浮到水面,火烈鸟则趁机一股脑儿吞到口中。它的口中生有一种薄筛状的过滤板,能将螺旋藻从浑水中过滤出来,然后吞下肚去。

动物·小·知识

　　人们又将火烈鸟称为红鹳、红鹤、火鹤等。火烈鸟雄雌相似，羽色鲜艳，多姿多彩，全身的羽毛主要为朱红色，特别是翅膀基部的羽毛，光泽闪亮，远远看去，就像一团熊熊燃烧的烈火，因此得名。

　　火烈鸟是自然界中唯一用这种方法觅食的禽鸟。一只火烈鸟每天大约需要吸食250克螺旋藻。螺旋藻中除含有较多的蛋白质外，还含有一种特殊的叶红素。这就是火烈鸟的羽毛为什么如火焰般鲜红的原因。因此，有人戏称大火烈鸟为"好色之徒"。当火烈鸟进行周期性换羽，而体内色素沉积程度还不够时，它就会长出白色的新羽。

　　生活在肯尼亚大峡谷马革迪湖上的火烈鸟，不辞辛劳，飞越万重山到浅水滩寻找它们喜爱的碱性藻类，因为这是它们繁衍后代的唯一营养食物。鸟类飞行的"发动机"是胸肌，飞行时，双翼不只是单纯地上下扑动，还能向前推动。许多鸟类靠着体内的生物钟，对太阳的位置进行探测，因而总能以太阳位置确定方位，这就是人们所说的利用"太阳罗盘"进行的导航。

为什么牙签鸟会钻进鳄鱼嘴里？

　　每当提到鳄鱼，大家都会毛骨悚然。鳄鱼是凶残的，但是小小的牙签鸟却敢于从鳄鱼口中取食。牙签鸟因为这种同鳄鱼的亲密关系，又被称为鳄鱼鸟。

　　凶猛的鳄鱼在饱餐后，喜欢在河边闭目养神，或者爬到沙滩上去沐浴阳光。这时，常常有许多牙签鸟在它背上飞来飞去，就好像在与鳄鱼亲切交谈。当鳄鱼酣酣入睡时，牙签鸟却毫不客气地拍打着翅膀，将它从甜梦中惊醒，鳄鱼便张开大嘴，牙签鸟飞到它的口腔里，开始啄食它牙缝中的残食剩饭。鳄鱼牙齿缝间的鱼、蚌、蛙、田螺等肉屑很快被啄进了牙签鸟的腹内。

牙签鸟虽然服务得很周到，但饱餐后的鳄鱼也会一梦不醒地闭合大嘴，这使虎口取食的牙签鸟非常担忧。不过，牙签鸟也自有它的解脱之法。它用尖硬的喙，轻轻地碰刺鳄鱼松软的口腔，鳄鱼便会立刻张大嘴，让这些鸟继续工作或飞离。

动物·小·知识

鳄鱼对待弱小动物凶恶残忍，为什么对待牙签鸟却是那样的仁慈和谦让呢？这是因为，牙签鸟是一种非常机敏的鸟类，它在啄食鳄鱼牙缝中的残食时，格外警惕周围的一切，充当着鳄鱼的义务警卫员。一旦发现敌情，便惊叫几声向鳄鱼报警，鳄鱼得到报警信号后，就潜入水底避难。可见，牙签鸟不仅是鳄鱼的"活牙签"，还是它忠实的朋友。

在许多人的心目中，牙签鸟是鳄鱼的牙科医生，没有牙签鸟的帮助，鳄鱼的牙齿就会坏掉。许多年来，人们一直坚信这个说法，并且把牙签鸟和鳄鱼的友谊作为动物之间互惠共生的范例。然而近年来，一些动物学家却提出了不同的意见。

他们认为，在去非洲大陆旅游的人中，有不少是摄影家或摄影爱好者。如果他们看到小鸟钻到鳄鱼嘴巴里的有趣场面，无论如何也会拍下这珍贵的镜头。然而，这样的照片却一张也没有。另外，到非洲进行考察的众多科学家，也都没有见过这种奇异的现象，只有两位动物学家自称看到过牙签鸟飞到鳄鱼嘴里吃东西的场面，但他们讲述的事情都没有具体的时间和地点，没有真凭实据，不能让人信服。

为了揭开牙签鸟啄食的这个千古之谜，美国加州大学的鸟类专家豪威尔专程赶到非洲埃塞俄比亚的甘贝拉地区，进行了为期两个半月的考察。许多动物学家认为，牙签鸟是分布在尼罗河流域的"埃及鸻"，而甘贝拉地区正是研究埃及鸻最理想的地方。同时，这里还有很多非洲鳄鱼。

　　这种被叫做"牙签鸟"的埃及鸻，和鸽子大小相似，羽毛呈黑、白、灰、浅黄等颜色，远望去，特别醒目。这些小鸟特别勇敢，如果有同类或猛禽入侵它们的"领地"，就会展开双翅进行攻击，即使是老鹰，也会在与埃及鸻的对垒中败下阵来。

　　豪威尔教授经过两个半月的辛苦考察，终于发现了埃及鸻不少有趣的生活习性。这些都是人们所不知道的，但是他从来没有见过埃及鸻在鳄鱼嘴里啄食的现象。所以，这位鸟类专家认为，即使鳄鱼与牙签鸟是好朋友的故事有依据，也是十分罕见的现象，不应该把它看做是动物之间互惠共生的范例。

蜂鸟的飞行技术有多高超？

蜂鸟是约600种雨燕目蜂鸟科动物的统称，常和雨燕同列于雨燕目，亦可单列为蜂鸟目，蜂鸟是世界上已知最小的鸟类。蜂鸟中体型最大的是南美西部最大的巨蜂鸟，也不过20厘米长，约20克重。最小的蜂鸟见于古巴和松树岛，体积比虻还小，稍长于5.5厘米，重约2克，粗细不及熊蜂，卵重0.2克，和豌豆粒差不多。

蜂鸟的喙像一根细针，舌头像一根纤细的线，适于从花中吸蜜。许多种类的蜂鸟嘴稍下弯，镰喙蜂鸟属的嘴很弯，而翘嘴蜂鸟属与反嘴蜂鸟属的嘴端上翘，眼睛像两个闪光的黑点，翅膀如桨片一样，很长。翅上的羽毛非常轻薄，好像是透明的，体羽稀疏，外表鳞片状，常显金属光泽。少数种雌雄外形相似，但大多数种雌雄有一定的差异。后一类的雄鸟长有漂亮的外表，颈部有虹彩围涎状羽毛，颜色不同。其他特异之处是由冠和翼羽的短粗羽轴，呈抹刀形、金属丝状或旗形尾状，大腿上长有蓬松的羽毛丛（常为白色）。

蜂鸟的双足又短又小，不易为人察觉。它极少用足，停下来只是为了过夜。它双翅的拍击非常迅捷（每秒15~80次，取决于蜂鸟的大小），因拍打翅膀的嗡嗡声像蜜蜂飞行时的声音而得名。蜂鸟飞翔起来持续不断，而且速度很快，所以它在空中停留时不仅形状不变，而且看上去毫无动作，可以像直升飞机一样悬停。通常只见它在一朵花前一动不动地停留片刻，然后箭一般朝另一朵花飞去，用细长的舌头探进它们怀中，吮吸它们的花蜜，而且好像这是它舌头的唯一用途。人们曾看见蜂鸟狂怒地追逐比它大20倍的鸟，附着在它们身上，反复啄食它们，让它们载着自己翱翔，直到平息愤怒为止。

蜂鸟是唯一可以向后飞行的鸟，也可以在空中悬停以及向左和向右飞行，飞行本领高超，因而也被人们称为"神鸟"、"彗星"、"森林女神"和"花冠"。

大多数蜂鸟并不结对，而紫耳蜂鸟和少数其他种类的鸟则成对生活，并且由两性共同育雏。大多数种类的雄鸟都会猛飞猛冲。雄鸟常在雌鸟前面盘旋，使阳光反射颈部色泽。占区的雄鸟追逐同种或不同种的蜂鸟，向大型鸟（如乌鸦和鹰）甚至向哺乳类动物（包括人）猛冲。多数蜂鸟（尤其较小的种类）会发出刮擦声、喊喊喳喳或吱吱的叫声。但这些蜂鸟在进行"U"形炫耀飞行中，翅膀常会发出嗡嗡、嘶嘶声，就像其他鸟的鸣声。许多种类的蜂鸟尾羽也能发出这种声音。

蜂鸟的巢由植物纤维、蛛网、地衣和苔藓等构成，呈小杯形，附在树枝、大叶片或岩石的突出部分。有些蜂鸟的巢有一细茎悬挂在突出物的下面，或挂在洞穴、涵洞顶上。在巢的两边，放着泥土和植物，以维持平衡。蜂鸟通常产2个（很少1个）白色椭圆形卵，是鸟卵中最小的，但卵重约为雌鸟体重的10%。刚孵出的幼鸟无视力，身上无毛，由亲鸟哺养，约3周后羽毛丰满。它身上闪烁着绿宝石、红宝石、黄宝石般的光芒，它从来不让地上的尘土沾

污它的衣裳，而且它终日在空中飞翔，只不过偶尔擦过草地。它在花朵之间穿梭，以花蜜为食。

蜂鸟的分布局限于西半球，主要在南美洲。其中约有12种常在美国和加拿大，只有红玉喉蜂鸟繁殖于北美东部新斯科舍到佛罗里达。分布最北的是棕煌蜂鸟，繁殖于阿拉斯加的东南部到加利福尼亚的北部。各种蜂鸟分布在新大陆最炎热的地区，它们数量众多，但仿佛只活跃在两条回归线之间。也有些蜂鸟会在夏天把活动范围扩展到温带，但也只是作短暂的逗留。

尖尾雨燕能飞多快？

尖尾雨燕堪称世界上飞得最快的鸟，平时飞行的速度为170千米/小时，最快时可达352.5千米/小时。

我们平时看到的雨燕几乎总是在飞翔，并且飞得极快。其实这些雨燕在觅食时，为了在飞行中看清并捕获猎物，并不会飞得过快，否则会增加它们捕食的难度。但在炫耀时，雨燕会飞得非常快，而且常常利用风向迅速地掠过地面（即使它们那时的飞行速度并不突出），用来炫耀它们优秀的飞行速度。

普通雨燕经常在空中过夜，这一情形目前已得到证实。人们通过从飞机和滑翔机上观察以及用雷达定期跟踪，发现这些鸟在夜晚原本该找个巢栖息的时候却长时间逗留在空中。它们很可能是除了繁殖以外，其余的时间根本就不回陆地，这就意味着一些幼鸟在某个夏末学会飞行之后，两年后的夏天才会首次着陆在某个潜在的巢址上。这期间，雨燕需要不间断地飞行500000千米！

动物小·知识

尖尾雨燕以食鱼为生，但它"挑食"，绝不吃浅海鱼。据人们统计，一年至少有100~500只尖尾雨燕因"排食"而死去。

大部分雨燕羽毛颜色相当暗淡，只有极少数种类的体羽会在短时间内呈现出蓝色、绿色或紫色的彩色光泽。在营巢地，普通雨燕的个体相互之间能通过鸣声（尖叫声）互相辨认，原因很可能是巢址环境太暗的缘故。许多雨燕

的尾为叉尾型，而针尾型雨燕的尾羽羽干长于羽片，因而形成一排"针刺"，这种坚硬的尾羽在雨燕附于垂直表面时能够起到很好的支撑作用。而烟囱雨燕的名字则是因它们习惯在高高的工业烟囱内繁殖、栖息而得来——这无疑是一种近代才出现的栖息地。

雨燕以捕捉空中的昆虫和蜘蛛为食。人们通过对它们的胃内成分、排泄物、回吐物、咀嚼物进行研究，结果发现，雨燕最主要的猎物是膜翅目的蜜蜂、黄蜂和蚂蚁；双翅目的苍蝇；半翅目的奥虫和鞘翅目的甲虫。

为什么渡鸦会骗人？

渡鸦体形大，属于全黑色的鸦属物种。凸尾；嘴粗大，嘴峰弯曲。渡鸦的喉和上胸部的羽毛，呈披针状；上喉、颊和上体及初级飞羽外网具蓝、淡紫蓝和紫色，这种光泽是由不同角度的入射光不同的变化，它的后颈羽基呈淡灰色。

渡鸦是所有鸦科中分布最为广泛的一类，尤其在北半球，广有分布。目前已知有8个亚种，不同亚种之间的渡鸦在外表上有少许区别，但在遗传学上却有明显差异。

渡鸦是世界上最大的两种乌鸦之一，也是鸣禽中最大的鸟，成熟的渡鸦

体长约有56~69厘米，体重0.69~1.63千克。渡鸦全身黑色，背部有光亮，嘴形粗大，最长者可达85毫米，易与其他乌鸦区分。

渡鸦善于高飞，叫声响亮，多见于高山草原、森林，可以在不同的气候下生存。渡鸦大多分布在由北美洲的北极与温带栖息地及欧亚大陆至北非的沙漠及太平洋岛屿；在我国，渡鸦只分布在西部和北部各省，在西藏地区，常见栖息于海拔5000余米的高原山地。它们常活动在开阔地方或村庄附近，在有人居住的地方觅食，并随人畜迁移。在较冷的地区，如喜玛拉雅山及格陵兰，渡鸦的体型和喙很大，而在温暖的地区，渡鸦的体型及喙的比例都较小。

渡鸦生性凶狠，会袭击家禽和家畜。病倒的牲畜，经常会遭到成群渡鸦的袭击。渡鸦还会攻击野兔及猎食鼠类和一些小鸟，它们更喜欢啄食腐肉和动物内脏。

动物·小·知识

渡鸦的大脑比较发达，聪明，贪玩，而且非常狡猾。在鸟类中是属于脑部最大的一类。就像其他的鸦科，它们被指有一些显著解决问题的事迹，令人相信鸟类也有高等的智慧。

英国牛津大学"行为生态学研究所"实验室的研究人员做过一个实验，他们把一块肉放在一个小桶里，然后放进一个管道，给两只渡鸦贝蒂和阿贝尔两根金属，一根有钩，一根是直的，想看看它们的反应。结果，实验中身体大一点、占据主导地位的阿贝尔首先拿走了钩子，贝蒂也毫不迟疑，用嘴衔起那根直的金属丝，把一端插进实验室桌子的缝里，用嘴将金属丝弯曲成钩子，然后用这根钩子去钩小桶的把手，从而取出桶里的肉。

贝蒂自发性地使用人造的东西，说明它是有智慧的，而贝蒂能如此善于解决问题，这是迄今为止最令人称奇的例子。为了避免同伴找到自己的食物，渡鸦会首先假装把食物藏在某个地方，然后再偷偷转移。不仅如此，渡鸦在骗人时还非常有"创造性"。有报道称，为了独享食物，渡鸦会在动物尸体边上装死，以制造食物中毒的假象。

那么，究竟是什么原因造就了渡鸦的高智商？生物学家海恩里希认为，是生存让渡鸦必须学会思考，变得聪明。事实上，渡鸦的生活充满变数。在野外，渡鸦基本上要靠抢夺大型食肉动物嘴中的食物来维生。因此，渡鸦必须学会判断，在不同的环境中应该采取什么样的行动来达到目的并保护自己，所以渡鸦从小就必须学会适应。

海恩里希就曾看到年幼的渡鸦反复去触碰狼的尾巴，然后快速飞走。通过这种本能的训练方式，渡鸦慢慢学会判断哪种做法可能是致命的，同时学会预测被它们骚扰的动物一步能跳多远。久而久之，渡鸦的判断力会越来越准确，也变得越来越聪明、狡猾。

植树鸟是怎样植树的?

　　植树鸟生活在南美洲秘鲁首都利马北部,又叫"卡西亚",这种鸟会种树,让人觉得很神奇。卡西亚长得和乌鸦很像,身上长着黑黑的羽毛,白色的脑袋上长着长长的嘴巴,不同的是,它们的叫声比乌鸦要好听得多。

　　在利马的北部,有一片人类从未种植过树木的土地。后来,人们在那里发现了大片大片的树林,而这些树林的种植者不是人,而是一群叫卡西亚的鸟儿。

　　那么,卡西亚是怎样种树的呢?原来,卡西亚主要以甜柳树的叶子为食。它们先用喙啄下柳树的枝条,衔到荒野空地上,然后把树枝放在一边,用嘴

在地上挖个洞，再将树枝插进松软的沙土洞里，慢慢地吃枝上的嫩叶。这样，甜柳枝就被卡西亚无意之中"栽种"在土壤里了。卡西亚采食嫩叶，一般会有一小段嫩茎留在土里。甜柳树枝被留在土壤里，很容易生长，没过几天就扎根长成了小树。因为卡西亚喜欢群居，所以一般都是群体觅食，真是鸟多力量大，久而久之，小树便连成一片，形成了大片森林。

动物小·知识

坚鸟也有植树的本领。它有一套很奇特的贮粮方法。每年越冬前，坚鸟会携带"粮食"，寻找两棵树的中间位置，并以其为基点，每向前走40厘米，埋下一堆（二三十颗）橡子，一堆堆地埋藏。春天到来时，坚鸟就会将橡子一个个地刨出来，用嘴衔回巢内。那些吃不完的橡子留在地下发芽生长，变成小树。

植树鸟为人们植树造林，受到了当地群众的爱护，因此，没有人对它们随意捕捉。

为什么白胸秧鸡要冬眠?

鸟类中的个别种类存在冬眠现象,这种情况可能很少有人知道,现在我们就来认识一种叫"白胸秧鸡"的鸟。

白胸秧鸡又叫"苦恶鸟",这是根据它们的叫声来命名的。它们广泛分布在我国长江以南各省,上体为黑色,面部及下体为白色。它们属于小型涉禽鸟,平时多栖息在沼泽、池塘、稻田附近的灌木丛、小竹林等地,啄食动物性食物。清晨和傍晚常能听到它们的鸣叫,在繁殖季节,从早到晚几乎都能听到它们的叫声。

每年4月初,是白胸秧鸡的繁殖期,这个时期它们就会开始在灌木丛和芦苇丛中营巢。每年产两窝卵,每窝产卵3~9枚,卵壳为土白色或土黄色,上面带有褐色斑点。孵卵由雌鸟和雄鸟共同担当。幼鸟长大后,就会开始独立生活,这时,它们的活动会更加频繁,每天不知疲倦地四处寻找食物,个个吃得膘肥体壮,甚至飞起来也有些吃力。

动物·小·知识

白胸秧鸡在长乐俗名"田鸡",意思是田里的"鸡"。它们经常筑巢于稻田中,巢就搭在四丛水稻的中央。白胸秧鸡不是很怕人,人们经常用青蛙或网诱捕它们。

当冬天即将来临,天气逐渐变冷时,胖乎乎的白胸秧鸡急于选择干燥的石洞或泥洞,为冬眠做准备。白胸秧鸡在洞里不吃不动,很少出来活动,呼吸次数逐渐减少，血液循环减慢，新陈代谢减弱，为了尽可能减少体内营养物质的消耗，就凭借贮存的脂肪以维持生命。

当春天来到，小草长出嫩芽，昆虫开始活动时，白胸秧鸡在洞中渐渐苏醒过来，它们就会慢慢走出洞来。经过近3个月的冬眠，白胸秧鸡的身体异常虚弱，走起路来还摇摇晃晃，这个时候它们不能够飞行，视力也很差，此时最重要的是增加营养，吞吃大量食物以强壮身体。大约7天左右，白胸秧鸡的体力就能得到恢复，并能正常飞翔，它们又开始了欢快的鸣叫。

为什么动物园的天鹅不会飞走?

  我们经常能在清澈见底的湖面上，看到成双成对的白天鹅悠闲自得地游着，它们一会儿把头伸入水中觅食，一会儿又引颈高歌，这常常引得游人顿足观赏。

  天鹅善于飞翔，可是它在动物园安居下来后，就不会远走高飞了，这是什么原因呢？

  鸟类在空中飞翔与空气气流的推动力及浮力都有很大的关系。鸟类在起飞时，能够依靠翅膀的扇动，利用周围气流的压力产生的动力从而推动鸟体前进。

动物·小·知识

在我国雄伟的天山脚下，有一片幽静的湖泊——天鹅湖，每年夏秋两季，这里有成千上万的天鹅在碧绿的水面漫游，就像蓝天上飘动着的朵朵白云，好看极了。

凡是能够飞翔的鸟类，其翅膀上都长有飞羽，飞羽由初级飞羽、次级飞羽及复羽组成，它们整齐有序地排列且互相交迭覆盖。当天鹅举起翅膀时，飞羽就会向上旋转翻起，因此，空气就从重叠飞羽的羽隙间流过，当翅膀下压时，飞羽重叠得很紧，空气不能流过，对翅膀产生了压力，推动鸟体向上前方向前进。因此，飞羽是鸟类飞翔的重要工具，如果没有飞羽，鸟类就不能飞行。例如没有飞羽的鸵鸟，尽管跑得很快，却一点儿也飞不起来。

被送到动物园的天鹅首先就要拔去飞羽，如果是幼鸟，则要剖去指骨或腕掌骨关节，使飞羽无处着生。天鹅没有了飞羽，翅膀扇动就会无力，天鹅就会在动物园里安居了。

为什么企鹅不会迷路?

在南极洲,最有趣的动物是企鹅。它长着一身美丽出众的羽衣,就像披了一件大礼服,走起路来一摆一摆的,像一个绅士,一副大腹便便的模样。别看企鹅呆头呆脑,其实它是一种很聪明的动物,它非常眷恋家乡。不管离开栖息和繁殖的地方有多远,它都要想方设法回到自己的家乡。

当每年长达半年的白昼到来时,企鹅爸爸和企鹅妈妈们便带着它们的儿女离开家乡,到千里之外的海洋觅食。等到南极的寒夜来临时,企鹅又携儿带女,日夜兼程返回故地,就这样年复一年,从不间断。这一段距离足有几百千米。而我们知道,南极洲是一片茫茫雪原和冰川,没有任何目标供企鹅识记。

动物小·知识

企鹅是一群不会飞的鸟类,但根据化石显示的资料,最早的企鹅是能够飞行的。65万年前,企鹅的翅膀慢慢演化成能够下水游泳的鳍肢,因此,我们现在看到的企鹅能够游泳。

为了解开企鹅识途之谜,不少科学家纷纷奔赴南极,进行研究和观察。在南极洲,科学家们做了各种各样的实验。科学家们曾捕捉了5只未成年的企鹅,在它们的身上做了标记,然后把它们转移到距离它们的故乡1900千米以外被冰雪覆盖的5个不同地点放掉。10个月以后,它们靠步行、滑行和游泳,穿越没有任何标志的冰川雪原,全都回到了自己的故乡。

　　有人在远离企鹅故乡几百千米的地方，将一只只企鹅分别放进洞穴里，在上面盖上盖子。那里非常平坦，没有任何标记和特征。然后，又在3个不同位置的观测塔上观察企鹅。过了一段时间之后，企鹅就出洞了，刚开始，那里的几只企鹅会不知所措地徘徊一阵，随后就不约而同地把头转向同一个地方——它们的故乡所在的方向。企鹅这种独特的识途能力，给了科学家们一个新的挑战。经过多次观察，科学家们初步认定，企鹅识途的"指南针"是以太阳来定向的，而与周围环境无关。

大雁是怎样迁徙的？

　　大雁是出色的空中旅行家，也是有名的候鸟。它们的老家在北方西伯利亚一带，因为那里的夏季日照时间较长，食物很丰富，敌害也不多，非常适合哺育幼雏，因此，它们总是回到故乡繁殖后代。到了冬季，北方一片冰天雪地，昆虫、蠕虫和植物种子都不见了，大雁找不到食物吃，就会成群结队浩浩荡荡地飞向温暖的南方。第二年春天，经过长途旅行的大雁回到西伯利亚产蛋繁殖。大雁的飞行速度极快，每小时能飞行68~90千米，几千千米的漫长旅途能够飞上1~2个月。

　　雁群在旅途中行动极有规律，大多由有经验的老雁在前面带队，其余的

大雁在后排成"一"字或"人"字队形飞行。一旦带队的大雁累了，它就会退回队伍，另一只大雁会自动飞上队伍最前方，取代它的位置。

雁群为什么总排成"一"字形或"人"字形队伍向前飞行呢？这是因为大雁需要飞行很长的路程，除了依靠扇动翅膀飞行之外，它们也常常利用上升气流在天空中滑翔，以使翅膀得到间断的休息空隙，从而节省自己的体力。当雁群飞行时，前面大雁的翅膀就会在空中划过，膀尖上能够产生一股微弱的上升气流，后边的大雁为了利用这股气流，就紧紧跟在前雁膀尖的后面飞翔，这样一只大雁跟着一只大雁，就排成了整齐有序的队伍。

另外，雁群呈"一"字形或"人"字形，这也是一种集群本能的表现。只有这样，大雁才能有效防御敌害。幼鸟和体弱的鸟，大都插在队伍的中间。如果需要停歇寻找水草时，就由有经验的老雁担任哨兵。如果有离群的雁，就会被敌害吃掉。

为什么松鸡有时会耳聋?

松鸡又被人们叫做林鸡,长得十分漂亮。尤其在发情期的雄松鸡,能够长出漂亮的羽毛,黑腹灰颈,在其褐色翅膀上,还长有少许白色的羽毛。

松鸡的耳朵平时非常敏感,但在交配期间,雄性松鸡却会莫名其妙地丧失听力,甚至连自己的叫声都听不到。

为了弄清楚这到底是怎么回事,苏联一位著名的鸟类学家曾经解剖了许多处在发情期的雄松鸡。他发现,几乎每只雄松鸡的耳道里都充满了腺体分泌物和布满血管的褶皱。因此他认为,雄松鸡耳聋是这些东西堵塞了耳道造成的。

但是也有人持不同意见。美国一位生物物理学家也研究了雄松鸡耳聋的现象,他认为雄松鸡耳聋是因为它唱歌声音太大,产生了明显的共振现象,从而使鼓膜受到了强烈的震动所致。

苏联科学家乌赫托姆斯基则认为,雄松鸡在歌唱的时候,神经中枢会处于高度兴奋状态,而神经系统的其他部分则会处于抑制状态,因此,雄松鸡就听不见声音了。这是一种"自我昏迷"现象。

有关雄松鸡耳聋现象的原因,科学家们将会继续研究下去。

为什么喜鹊要聚会?

　　在欧洲,喜鹊被称为"神秘鸟",因为它们在大多数情况下都是成双活动,但到了1月和2月初,它们却往往聚在一起,少则6只,多则20只左右,最多时甚至达200多只。而且,每年喜鹊会都发生在同一地点。参加鹊会的鸟都爱竖起鸟冠,翘起尾巴,并不时地抖松羽毛。

　　对于这种神秘的喜鹊聚会现象的原因,鸟类学家们有各自不同的看法。有的人认为,喜鹊聚会是喜鹊们的一种求偶活动。因为喜鹊聚会时,经常有成对的喜鹊在空中飞行、追逐,有的喜鹊则在地面或树梢上低声"交谈",有些雄喜鹊则在雌喜鹊面前展示自己漂亮的羽毛,还有些喜鹊会啄一些枝条、枯草等物,然后把它们递交给另一些喜鹊。整个场面非常热闹,就像一场盛大的"集体

婚礼"。

但有些鸟类学家并不认同这种观点，他们认为喜鹊聚会更像一次老年喜鹊的交流活动。因为他们通过仔细观察，发现参加鹊会的喜鹊中，很大一部分是失去繁殖能力的老年喜鹊。

虽然目前鸟类学家们对喜鹊聚会现象的原因还存在着不同的意见，但我们相信，在鸟类学家们的进一步研究下，这个问题终将会得到合理的解释。

为什么角雉又叫娃娃鸡?

角雉的形体比家鸡稍大一些，头上长角。雄鸟的羽毛呈深栗色，上面散布着卵圆形的白斑或黄斑，每个圆斑还镶着黑边，看起来十分华丽。当它在林中穿行时，身体像一块闪光的锦缎。雄鸟的头顶上长着长长的羽冠，而最奇特之处在于，两眼上方各有一个肉角突起，喉部还生有与众不同的肉裙。

肉角和肉裙是角雉的"结婚礼服"，平时肉角很短小，被羽冠掩盖着。但到发情时，肉角就会充血膨胀，直竖着伸出来，微微颤抖着，闪出蓝色的光芒。肉裙在平时也缩聚起来，一点儿不显露。一旦发情时，肉裙就会冲血膨胀，忽而展开下垂，忽而收缩遮盖在胸前，酷似一朵不断开合的鲜花，真是奇妙极了。

动物小·知识

角雉的肉裙呈鲜红色，镶有翠蓝色条纹和斑点，猛一看，很像写在大红纸上的繁体"寿"字。所以很多山民称角雉为"寿字鸡"，把它看成吉祥的象征。

角雉的种类很少，全世界仅有5种。其中黄腹角雉仅在我国有，而且是公认的国际濒危鸟类。红腹角雉在四川省的宝兴县比较常见。与其他角雉不同的是，红腹角雉的肉裙特别红艳，脸颊部被羽毛覆盖，比其他角雉更显得雍容华贵。若深山密林处传出"哇哇! 哇哇……""嘎嘎……"的短促叫声，那准是红腹角雉在活动。因为它的叫声似婴儿啼哭，时间久了，当地人干

脆就叫它"娃娃鸡"。

角雉的婚配十分有趣。在整个漫长的冬季，它们都在寻求配偶，雄鸟之间常常为争夺配偶发生激烈的争斗。3月下旬，角雉栖居的密林中，热闹非凡。得势的雄鸟占据一片巢区，不断鸣叫，且叫声激烈婉转，深谷传响。空闲下来，雄鸟就不停地在雌鸟面前"大献殷勤"，作出求偶的动作，直到雌鸟心有所动，双方才结成恩爱的伴侣。红腹角雉在树上建巢，每窝产2~6个蛋，第三年成熟时，幼鸟就开始分散活动。红腹角雉是国家二级保护动物，又是美丽吉祥之鸟，所以在它的故乡，人们十分珍爱它。

为什么乌鸦有高智商?

在欧洲的一些公路旁，常常可以看到乌鸦站在树枝上等候。每当载重汽车在公路上驶过，地面的震动会迫使地下的虫子爬出来，此时，乌鸦会飞下树来，张嘴把虫子吃掉。如此轻松就能够饱餐一顿，乌鸦的聪明不言而喻。

乌鸦的聪明是众所周知的，表现之一在于它有超常的计数能力。不少生物学家在实验中证实，乌鸦可以数数能数到7。此外，乌鸦还具有制造工具的能力。科研人员曾经将乌鸦养在实验室的笼子里，里面有一个窄口瓶，瓶子里有一只带提环的小铁桶，里面装有乌鸦喜爱的食物，但乌鸦无法直接吃到。在笼子里还有两根粗细适中的铁丝，一根是直的，另一根则是一端有钩的。

让人惊叹的事情发生了，很快，乌鸦就学会用有钩的铁丝吊起铁桶，吃到里面的食物。

动物小·知识

　　在所有鸟类中，乌鸦是最喜欢"游戏"的鸟类，它们经常会反身躺在地上，脚爪朝天，这样做仅仅是为了娱乐自己而已。当自己的鸟巢可能被袭击的时候，乌鸦会在自己站的地方用嘴狠啄，但是这样做不是警告或者威胁袭击者，只是表示愤怒而已。

　　那么，为什么乌鸦能够拥有如此高的智商呢？为了揭开其中的奥秘，日本庆应大学研究小组解剖了乌鸦的大脑，用显微镜研究其脑神经细胞的分布，制作出了乌鸦的"大脑图"。研究发现，乌鸦的脑重量占体重的比例可以和灵长类动物媲美，脑部掌管思考和学习等能力的部位非常发达，其中有关认知能力的部位更是如此。研究人员认为，乌鸦脑部的认知部位相当于人类大脑皮质中负责处理复杂信息的部位，因而乌鸦的智商很高。

为什么海鸥能游泳?

雄鹰在高空中展翅翱翔,如果不慎落水,则难逃厄运。然而,海鸥、鸿雁和野鸭等游禽,既能远飞,在空中翱翔,又能嬉游,在深水中觅食。它们同样都是鸟类,为什么有的能飞善泳,而有的只会飞而不能游泳呢?

一般来说,鸟类身体的比重比水小,只要羽毛没有全湿,鸟体在水中就不会下沉。海鸥的体内长有许多气囊,而且有些气囊能够深入骨骼中。体表的羽毛很丰厚,而羽毛的比重又很小,所以,即使海鸥不会游泳,在其落水后,羽毛未全湿之前也不会下沉。

动物小知识

海鸥是海上航行安全的"预报员"。人们乘舰船在海上航行,常因不熟悉水域环境而触礁、搁浅,或因天气突变而发生海难事故。富有经验的海员都知道,每当航行迷途或大雾弥漫时,观察海鸥的飞行方向,就能找到港口。

海鸥能够保护自己的羽毛不被浸湿,这是因为,这些鸟长有发达的尾脂腺,经常把嘴伸到尾部将脂涂在羽毛上,涂脂后的羽毛就不会轻易被水浸湿。并且在游泳时,海鸥通常能合拢双翅,使翅缘紧紧贴在不透水的托羽袋中,保持翅膀不浸湿,以便随时起飞。

像海鸥这样的水禽主要靠长有蹼膜的双脚游泳,通常它们用双脚连续交替划动,由于水的反作用力,鸟体便迅速向前滑动。而它们飞离水面时,也是靠脚拍击水面而起飞的。

啄木鸟是如何交流的？

啄木鸟有一套丰富、高效的交流机制，由多种视觉和听觉信号组成，包括竖起冠羽、拍打或展开翅膀、摆动头部或整个身体、屈身和鞠躬、发出威胁鸣声或联络鸣声、用喙在树干和树枝上敲击等动作。像其他许多动物一样，啄木鸟也是利用这些"语言"来表达自己的"心情"，由此对配偶、竞争者和群居成员产生影响。在啄木鸟中，学会"察言观色"以辨别对方心情很重要，因为它们常常富有攻击性。大部分啄木鸟拥有的个体领域或配偶领域中包含了栖息地、觅食地、"砧板"（专门处理食物的地方）和贮藏处等至关重要的

资源。当雄鸟和雌鸟拥有不同的觅食领域时，它们在求偶的初期通常会维护各自的觅食领域，甚至连日后的配偶也不许进入。

啄木鸟在求偶的许多方面都表现出强烈的攻击性。雄鸟之间会为了资源丰富的领域而展开争斗，雌鸟也会竞相争夺最佳的领域和配偶。雄鸟还会抵制某只雌鸟进入它的领域。而所有这些行为都离不开频繁的交流。

啄木鸟会发出传播距离很远的多音节鸣声，向配偶和邻居表明它们的存在。在那些雌雄鸟不在一起觅食的种类中，如阿拉伯啄木鸟，雄鸟发出鸣声后会立即得到回应，仿佛雌鸟是为了让雄鸟放心，它那边一切正常。其他种类在发出一连串响亮的鸣声时还常常会在树之间或树顶做炫耀飞行，以此吸引异性；在求偶高峰期，还可能是炫耀自己的树上有洞穴。

对大多数啄木鸟来说，求偶"语言"的基本编排（在某种意义上即为"语法"）是一致的，依次为：敲击（较重的击木动作）、通过鸣声和特殊的飞行来引导异性、敲击、轻击、轻叩（很轻的击木动作）、察看洞穴、同意选择做巢。此外，对巢址的拓掘工作也是重要的一环，而交配一般发生在洞穴附近。

啄木鸟如果在繁殖期初未能找到配偶，那

么它们（当然主要为雄鸟）会不断地击木和鸣叫，直到繁殖期结束。有时，这种努力会让它们最终吸引来异性，然后结成配偶，待到育雏时已是暮春时节。群居性较强的啄木鸟种类，即雏鸟与亲鸟待在一起的时间很长的种类或者全年都成群生活的种类，往往比独居种类更喧嚣嘈杂，特别是在它们聚集到一起时或进入栖息处时。

缝叶莺为什么要缝制房子?

缝叶莺生活在亚洲的南部和东南部,在我国的云南、广西、广东、海南、福建等地方山林中为常见鸟,以独特的筑巢本领闻名于鸟国。它长着小巧玲珑的身体,嘴尖脚细,性情非常活泼,十分可爱。

动物小·知识

缝叶莺体羽为橄榄绿或暗褐色,体长10厘米左右,生活在村庄的树木和灌木丛中,忙忙碌碌地捕捉花朵和枝叶上的昆虫,是一种食虫益鸟。

每年的4~8月,是缝叶莺的繁殖季节。每当这时,缝叶莺就开始忙于营造属于自己的安乐小窝,为哺育下一代做准备。缝叶莺有着特殊的筑巢方法,它会选用一些大型叶植物,如芭蕉、野牡丹、葡萄藤等的叶片作材料,先用锐利的尖嘴在叶缘1~2厘米的地方啄出一排排的小孔,然后用细草茎、蜘蛛丝或野蚕丝作"线",把自己的尖嘴当"针",将"线"从小孔中穿过,把叶片缝合起来。每缝一针,缝叶莺就会把"线"打一个结,以防止松脱。经过一阵忙碌,巧嘴的缝叶莺就能把几张叶片缝制成一个囊袋。然后,缝叶莺就会把一些嫩枝、草梗铺在囊袋的底部作为巢基,再垫上柔软的细草、植物纤维、棉絮和兽毛等,一个美丽、舒适、耐用的小"房屋"就这样建好了。

为了防止建造的"房屋"因叶柄干枯而脱落,缝叶莺会利用一些纤维把叶柄牢牢地系在树枝上。缝叶莺筑巢时还会使巢保持一定的倾斜度,以避免雨水流进巢中。由此可见,缝叶莺的设计是多么巧妙啊!

攀雀为什么要做"鞋"?

攀雀看上去像是缩小了的麻雀,样子并不十分引人注目,它与山雀虽是近亲,却没有十分亲近的关系。攀雀是不耐寂寞的鸟,它们常常成几十只的一群,在水边的苇丛和柳、桦、杨等阔叶林中活动,喜欢倒挂在树枝上翻来翻去,很有点儿像体操运动员。

攀雀的拿手好戏并不是表演"体操",而是做"鞋"。在东欧的一些乡村里,攀雀制出的工艺精美的"鞋",十分受孩子们欢迎;东非的一些地方,这种"鞋"又成了耐用的手提包。你也许会感到奇怪,攀雀为什么要做"鞋"呢?其实,它并不需要穿鞋,孩子用来当"鞋"穿的竟然是攀雀的巢。

攀雀在欧洲、亚洲和非洲的许多地方都有繁殖记录。每当春季来临，雄鸟就开始忙碌着造巢了。它嘴里衔着纤维围绕着悬空的枝尖飞舞，纤维就像绕到线轴上的线一样绕到枝条上，接着再用同样的办法缠绕几条纤维，把它们扎牢在一起。攀雀把纤维穿过纤维缠绕出的网眼，交错地编织，编成几条上边细下边粗的绳索，再把绳索的下端编织起来，就成了一个篮子的样子。

如果单单是个篮子，还称不上是精美的"鞋"，攀雀还要在篮子的网眼里扎结兽毛、柳絮、杨花等松软的短绒，这样扎结出的巢壁质地很像毛毯，厚实而耐用。最后在篮子的一侧造堵墙，另一侧留出一个洞口，巢就算是基本造好了。这样编成的网络重叠的新颖建筑物常常悬挂在河心上空的细柳梢上，能在空中随风摆动，使在树冠上觅食的食肉动物难以接近攀雀的住宅。

雄攀雀建好了住宅，但并不做细致的装修，余下的任务就要由"新娘"来完成了。雄攀雀现在要做的，正是要找到这样一位"新娘"。"新娘"进门以后，要在巢里铺上一些细软的植物纤维，把"新房"装饰一新，并准备产卵，一般要产下5~8枚卵，雌鸟才开始孵。孵卵以及以后的育雏活动，都要由雌鸟独自承担，此时的雄鸟已不再留恋千辛万苦才营造起来的家园，它又开始建设新的住宅，追求其他"恋人"去了。

鹦鹉为什么会说话?

鹦鹉在学话时,只需要把你教它的话的音调和现场场景(或手势)作为一种符号去记忆。当它下次再见到同样的场景或手势时,它就会发出同样对应的音响符号,有人以为鹦鹉真的会"说话",可鹦鹉自己可不认为它是在说话。事实上,鹦鹉是不会"说话"的。

有时,人们偶尔会听到鸟发出的几句"喂!""几点了?""您好!"或者是"吃饭没有?""再见!"等许多种声音,能够吸引众多的观众,赢得阵阵掌声。这就是聪明的鹦鹉和八哥在与游园的观众进行"交谈"。鹦鹉与八哥能像人一样由大脑支配而说出一些有意义的话来吗?答案是否定的。因为它们的大脑不如人类的脑发达,所以不具备会说话的条件。但是它们为什么可以"说"几句简短的话呢?这是人们教的。确切地说,它们"说的话"只是一种下意识的模仿,这种下意识的模仿只有在家养的情况下才能学会,野生状态就非常少见了。

动物小知识

鹦鹉其实是很怕热的,炎热对鹦鹉的伤害远甚于寒冷。当环境温度超过35℃时,大多数鹦鹉就会烦躁不安;超过37℃时,个别体质差的鹦鹉就可能因为中枢神经麻痹而死亡。

语言是人类在发展过程中一定阶段的某种产物,作为人类单独具有的最主要的交际工具,除了依靠声带(通过咽、舌、齿、唇的协调)发声之外,还需要词汇和语言规律之间进行配合，才可以很好地表达脑子里所想象的东西。这些鸟虽然可以"说"简短的话，靠的不过是自己那条尖细、柔软而且多肉的舌头，重复着人们所教给它们的连串音节而已。我们根本没有听到也不可能听到它们可以说出特别复杂的话来。因为人们距离它们较近，而且对它们进行有意识的训练，当这种训练渐渐地变成了习惯，这就是由简单到复杂，从没有条件发展为有条件的反射。

一般鸟类生来就能够发音，就像它们生出来就可以吃食一样。它们受人们语言中音节的影响，天长日久，逐渐学会了模仿，这种情况叫做无条件反射。后来每见到人，因为刺激所发生的反应，便有可能重复已经学到的某几个简短音节，这就是有条件反射。

在动物界中，只有鸟类能够模仿同类之间的声音和其他动物的声音。但学人说话，却只有少部分的能鸣叫的鸟类，才有这样的本事，比如鹦鹉、八哥以及鹩哥等。

有的人在对某种鸟类进行训练以前，会对它们进行简单的小手术——比如用剪刀把舌骨剪断，或是进行捻舌（类似按摩）等，听说能使这样的鸟学会更多较为复杂的话。

鹫的脖子上为什么没有毛?

鹫和鹰的长相差不多,可是它们的生活习性却完全不同。鹰是典型的猛禽,专门捕食一些小动物,甚至连羊那么大的动物也是它们的捕猎对象。

人们根据自己的想象,把鹫也算做猛禽,认为它和鹰是同类。其实,鹫既不会袭击,也抓不住什么动物,最多只是吃死去的动物罢了。只有饿极了的鹫才会攻击活的动物,其猎物也大多是一些迷路的幼小动物。

动物小·知识

大多数种类的秃鹫专食腐烂动物,它们能够吃各种动物的肉,无论这些动物是刚刚死去,还是已腐烂掉。尽管它们也喜欢吃新鲜的肉,但腐烂的肉并不会使它们食物中毒,它们甚至可以吃因肉毒菌、霍乱或炭疽而致病死亡的动物。

鹫的爪子不像老鹰的那样尖利,它无法抓住奔跑的动物,更没本事把它们杀死。它最多只能夹住动物的尸体,鹫的长嘴也只是撕开腐肉的工具而已。鹫吃食时,会把它头完全伸到动物尸体里,等它们再抬起头时,没有羽毛的光脖子上沾不到什么残肉污血,这对鹫来说极为方便。另外,由于鹫生活在炎热的戈壁上,脖子光秃秃的,更有利于散热。可见,鹫的脖子上没有毛,也是有一定科学道理的。

鸳鸯对爱情真的忠贞不渝吗?

鸳鸯主要产在我国,属于候鸟,每年的3月底、4月初飞到东北和内蒙古的一些地方开始繁殖,9月底、10月初又南下到华东、华南一些地方越冬。

成双成对的鸳鸯经常在水面上相亲相爱,悠闲自得,风韵迷人。它们时而跃入水中,引颈击水,追逐嬉戏,时而又爬上岸来,抖落身上的水珠,用橘红色的嘴精心地梳理着华丽的羽毛。

雄鸳鸯长着漂亮的羽毛,堪称是世界上最美丽的水禽。雄鸳鸯头上有红色和蓝绿色的羽冠,面部有白色眉纹,喉部金黄,颈部、胸部有紫蓝色,两侧黑白交错。此外,雄鸳鸯的嘴鲜红,脚鲜黄,特别是两片橙黄色略有黑边

的翅膀帆羽，向上弯成扇形，堪称一绝。相比之下，雌鸳鸯只有一身深褐色羽毛，显得就平常多了。

在我国，鸳鸯在人们的心目中是永恒爱情的象征，是一夫一妻、相亲相爱、白头偕老的表率，甚至有人认为鸳鸯一旦结为配偶，便陪伴终生，即使一方不幸死亡，另一方也不再寻觅新的配偶，而是孤独凄凉地度过余生。所以人们常将鸳鸯的图案绣在各种各样的物品上，送给自己喜欢的人，以此表达自己的爱意。

动物小·知识

鸳鸯生性机警，极善隐蔽，飞行的本领也很强。在饱餐之后，返回栖居之处时，常常先有一对鸳鸯在栖居地的上空盘旋侦察，等确认没有危险后才招呼大群一起落下歇息。如果发现情况，就发出"哦儿，哦儿"的报警声，与同伴们一起迅速逃离。

可是，经过科学家研究发现，鸳鸯的恩爱有些名不副实，它们平时不一定有固定的夫妻关系，只是在配偶时期才有引人注目的亲密接触。在雌鸳鸯繁殖后期的产卵孵化工作中，雄鸳鸯并不过问，抚育幼雏的任务完全由雌鸳鸯担任。而且，鸳鸯之间也经常发生劳燕双飞的事情。

第二章

解密哺乳家族

哺乳类动物属于恒温、脊椎动物，身体长有毛发，大部分都是胎生，并由乳腺哺育后代。哺乳动物在动物发展史上是最高级的阶段，也是与人类关系最密切的一个类群。但是，你真的了解这些哺乳动物吗，为什么狼喜欢群居，鼹鼠一天可以挖多长的地洞，河狸为什么要在水里筑坝，为什么座头鲸要唱歌，为什么北极熊不怕冷，哪种动物奔跑的速度最快呢？

为什么牛没有上门齿和犬齿?

每当你看到牛时，它总是在不停地吃草，如果有人对你说牛没有上牙，你大概不会相信。其实说牛没有上牙，那只是说它没有门齿和犬齿。它还是有前臼齿的，也就是常说的槽牙。这是为什么呢？

动物界中的食肉类动物在捕食动物时常常需要用门齿和犬齿。而牛则是食草类动物，它不需要这些牙齿。用生物进化的观点来说，常使用就发达，不使用的就退化。牛从来不啃咬动物，上门齿和犬齿也就渐渐地退化没有了。

动物·小知识

牛在西方文化中是财富与力量的象征，源于古埃及。依照《圣经·出埃及记》的记载，以色列人由于从埃及出奔不久，尚未摆脱从埃及耳濡目染的习俗，就利用黄金打造了金牛犊，当做耶和华上帝的形象来膜拜。

不过，这种情况并不妨碍牛吃食物，因为牛是反刍动物，它的舌头既宽又尖，在舌背面，长有一个椭圆形的隆起，两侧分布有很多已经角质化的"乳头"。在上门齿和犬齿的部位则形成了一种叫齿板的装置，齿板极硬，能代替门齿。当牛吃草时，先伸出舌头卷起饲料，送到上颚齿根和下颚门齿中间，靠牵引头颈，把草切断，然后简单地吃下去，吃得差不多时就会从胃里返上来，然后用上下两排臼齿把食物研磨得更碎，再吞进胃里，以便于消化吸收。这就是反刍动物的一些特点。

　　牛科的动物都没有长上门齿和犬齿，因此，我们可以通过观察牙齿的方法对动物的种类进行分辨。我们在考查动物的化石时，一般都会先从牙齿上进行鉴别。

为什么骆驼不怕风沙？

　　骆驼特别耐饥耐渴，人们能骑着骆驼横穿沙漠，所以骆驼有"沙漠之舟"的美称。骆驼的驼峰里贮存着脂肪，这些脂肪在骆驼得不到食物的时候，能够分解成它身体所需要的养分，供骆驼生存需要。骆驼能够连续四五天不进食，就是靠驼峰里的脂肪。另外，骆驼的胃里有许多瓶子形状的小泡泡，那是骆驼贮存水的地方，靠着这些水，骆驼几天之内不喝水也不会有生命危险。

　　沙漠地区的雨量极少，而且分配极不均衡，每年的雨量只有一两次，因此，气候非常干燥，白茫茫的风沙往往刮得人睁不开眼睛。在如此恶劣气候

的地区，一般的动物行走都很困难。可是素有"沙漠之舟"美称的骆驼，却不怕风沙和疏松的沙土，因为它的眼睛和眼睫毛的结构非常特殊，所以骆驼踏踏实实地向着目的地前进。

动物·小·知识

　　骆驼有两种，有一个驼峰的单峰骆驼和两个驼峰的双峰骆驼。单峰骆驼比较高大，在沙漠中能走能跑，可以运货，也能驮人；双峰骆驼四肢粗短，更适合在沙砾和雪地上行走。

　　骆驼的外表算不上好看，浑身毛蓬蓬的，背上还长有驼峰，脖子和腿都非常长，行动看上去非常笨拙，骆驼叫的声音也不太好听。骆驼身上的毛长得极厚，在沙漠地区的寒冬时节，具有防寒保暖的作用，有利于保持体温。它的四条腿比较长，掌蹄长得又扁又阔且富有弹性，这样，在沙里行走时就不会被陷进去。

为什么象用鼻子吸水不会呛进肺里？

众所周知，人类在游泳时，常常用嘴来换气，如果水吸进人的鼻子里，就会呛到肺里去，让人咳嗽不止。然而，在天气炎热时，体形庞大的象就会走到小河里或水池边，用长长的鼻子把水吸进去，然后喷洒到身上给自己洗澡，十分悠闲自得，水并不会呛着它。奇怪，难道大象就不怕吸入的水呛到肺里去吗？答案是肯定的。那是什么原因呢？

动物·小·知识

大象是群居性动物，以家族为单位，由雌象做首领。每天活动的时间、行动路线、觅食地点、栖息场所等均听雌象指挥，而成年雄象只承担保卫家庭安全的责任。

原来，大象鼻腔的结构很特殊。虽然大象的气管和食道相通，但是在大象鼻腔后面的食道上方，长有一块软骨。大象在用长鼻子吸水时，水就会进入鼻腔，由于大象大脑中枢神经的支配，喉咙部位的肌肉就会发生收缩，促使食道上方的这块软骨暂时将气管口盖上，水就由鼻腔进入食道，而不会进入气管，因此，就不会通过气管呛入肺里。当它重新喷出水后，软骨又会自动张开，以保持正常的呼吸。

黄鼠狼是怎样吃掉刺猬的?

在盛夏的夜晚,我们常会看见刺猬顺着墙根溜达。白天,刺猬则潜伏在洞穴里睡觉,到了夜晚,它们才会出来觅食。刺猬以蚯蚓、蝼蛄之类的虫子为食,有时也喜欢吃些像枣之类的小型果实。

刺猬的肉味道鲜美,因此,刺猬常常是食肉兽捕食的对象。可是刺猬也有保护自己的办法。它会立即缩成一团,整个身体向腹面卷成一个钢针四射的刺球。食肉兽没办法对付刺猬的钢针,最后只好扫兴而去。

动物小·知识

　　黄鼠狼是小型食肉动物,体内具有臭腺,可以排出臭气,在遇到生命威胁时,起到麻痹敌人的作用。主要以啮齿类动物为食,偶尔也吃其他小型哺乳动物,民间谚语说"黄鼠狼给鸡拜年——没安好心",实际上黄鼠狼很少以鸡为食。

但是,刺猬却逃不过它的天敌黄鼠狼。黄鼠狼是食肉动物,到了晚上它们才会出来活动。当然,它们从来不会放过刺猬这样的美味佳肴。人们不禁要问,黄鼠狼是如何捕捉刺猬的呢?原来,黄鼠狼的肛门里长有一种臭腺,必要时能随时分泌出大量臭液。黄鼠狼的臭液威力很强,是对付敌害的一种武器,一旦被敌害追赶,当敌害的嘴接近它的屁股时,它会立即喷出臭液,熏跑对方。

　　黄鼠狼在攻击刺猬时，刺猬就会缩成球形，尽管这样，也会留下缝隙，黄鼠狼就会把屁股对准缝隙，注射进臭液。不一会儿，刺猬被麻醉了，失去知觉后的刺猬身体就会重新伸展，这样，黄鼠狼就能把刺猬咬死，美美地饱餐一顿！

猫为什么爱吃老鼠?

猫吃老鼠,历来被认为是天经地义的。可是,关于老鼠为什么会成为猫的口中食,一直以来也没有一种科学的、令人信服的说法,似乎只能用一些民间故事和神话传说来解释。实际上,几百年来,这个问题也始终困扰着各国的动物学家们。2007年,经过多年探索的德国海德堡大学生物学教授穆勒博士终于解开了这个谜团。穆勒发现,猫不捕食老鼠后,它们的"夜视"能力就会迅速降低,变成"瞎猫"。

人们都知道,猫的眼睛富有变化,它的瞳在一天之内可以数次变换形状,有时又大又圆,有时会眯成一条细线,有时还会变成一个枣核。

猫多数在夜里活动,白天常常休息,它的眼睛为了适应这种生活习性的需要,可以随着光亮度变化。特别是在夜间,猫又圆又大的瞳孔还会闪闪发光,如果用手电筒照射它,瞳孔立刻就会变成一条细线。猫眼这种能调节光量和迅速变化的特殊本领,和许多夜行性动物是一样的。

可是,猫这双明亮的眼睛还有老鼠的一半功劳呢!原来,有一种叫"牛磺酸"的物质能提高哺乳动物的夜间视觉能力,可是猫不能在自己体内合成牛磺酸,如果体内长期缺乏牛磺酸,猫在夜间就会由"一目了然"变成"睁眼瞎",最后丧失夜间活动的能力。而老鼠体内却有一种特殊物质,能自行合成牛磺酸。所以,猫只有不断捕食老鼠,才能弥补体内牛磺酸的不足,以保持和提高自身的夜视能力,正常地生存下去。

穆勒认为,目前大城市中的猫正处于恶性循环状态,因很少或几乎不吃老鼠,猫的夜间捕鼠能力大大降低,而这种降低又使它们少食鼠肉。这样下去,现代猫的捕鼠能力自然是一代不如一代。

为什么狼要对着月亮长啸?

　　传说很久以前，狼和天神的女儿偷偷结为夫妇，天神知道后非常生气，就把女儿带走了。狼伤心欲绝，妻子哭着告诉它：下次月圆之时，就是它们的相会之日。可是，狼在月圆之日并没有等到妻子，于是，它站在山的最高处对着月亮长嚎，呼唤妻子回来。从此，一到月圆夜，狼就要对月长嚎。传说当然不足为信，然而狼喜欢对月长嚎却是不争的事实，这是为什么呢?

　　动物行为学家经过研究后发现，狼嗥叫有以下三个原因：一是为了显示自己在狼群中的级别，如果是在狼群中处于较低地位的狼，它的声音也会适度地降低，但绝不允许比头狼更低沉，它的嗥叫声的长度是头狼的3~4倍；二

是为了在捕猎过程中召集狼群。狼是典型的集群作战猛兽，它们捕猎的范围很广。为了便于长距离联络、团队作战，狼群便选择了这种草原上最先进的联络讯号——嗥叫；三是与繁殖习性有很大关系，在繁殖期，狼往往通过发出嗥叫来寻找配偶。

动物·小·知识

500万年前，狼开始在地球上出现。在漫长的进化过程中，很多具备强者实力的动物已灭绝，而狼却生存了下来。正如达尔文所说："物竞天择，适者生存。"

狼嗥叫的原因已初步探明，那又该如何解释它喜欢对月长嚎呢？人们注意到：在天气晴朗、月光皎洁的夜晚，经常听到从几千米外传来狼的嗥叫。有时是整个狼群一起嗥叫，有时是一只狼孤独地长嚎。有人认为，这可能是因为狼在月圆之夜会更活跃，所以比平时叫得更欢。也有人认为，可能是人们受了有关狼人传说的影响。传说狼人会在月圆之夜化身为狼，因此在月圆之夜人们会格外注意狼的嗥叫，久而久之，就不自觉地把月亮和狼嚎联系在一起。到底哪种观点更正确，还有待于动物学们家进一步的研究。

为什么浣熊要洗食?

一天深夜，家住加拿大北部一山下的切斯听到院子里传来鸡叫声，他隔窗一看，只见两只浣熊正抓着一只老母鸡夺门而出。切斯连忙追赶，追到一个水塘边时，他发现那两只浣熊正在水边洗母鸡，它们不顾母鸡挣扎，将母鸡浸入水中，拎起来抖一抖，反复几次，好像怕洗不干净似的。浣熊一看到切斯，就丢下母鸡逃跑了。那么，浣熊为什么要将母鸡浸入水中清洗呢?

动物·小·知识

浣熊经常在树上活动，巢也筑在树上。当遭到黑熊追踪时，它就会逃到树梢躲起来。到了冬天，北方的浣熊还要躲进树洞去冬眠。浣熊大部分生活在加拿大，晚上十二点后才出门，因此加拿大人又把它们称为"神秘小偷"。

这就要从浣熊的习性说起了。浣熊是分布于美洲的热带和温带地区的一种杂食性动物，既吃鱼、蛙和小型陆生动物，也吃野果、坚果、种子、橡树子等。有趣的是，浣熊每次逮到虾、蛤、鱼或青蛙等食物时，从不张嘴就吃，总是用前爪抓住，在水里洗一洗，或者边洗边吃。在吃食的时候，它还要不停地洗手。要是找不到水，不能洗食，它宁可饿肚子也不吃食物。由于它具有洗食的特性，人们就称它为"浣熊"。那么，浣熊洗食的原因是什么呢?

有人认为，浣熊洗食是一种本能，它来自祖祖辈辈的遗传。也有人认为，这是浣熊十分喜欢清洁的原因。可是，有人仔细观察过浣熊的洗食行为后发

现，浣熊并不像人们想象的那样见清水才洗，它用于浣洗的水通常是泥水，而且比它手中的食物还要脏，这说明浣熊的浣洗行为并非出于爱清洁。于是，又有人推测，浣熊洗食是因为它喜欢玩水中的食物，也许这样吃起来更有滋味，这也符合它喜爱玩耍的个性。以上种种说法，到底哪一种更准确，目前尚无定论。

斑马的条纹有什么作用?

20世纪50年代，随着汽车业的发展，各大城市的街道上车流滚滚，交通事故频频发生。于是，英国人设计出了一种横格状的人行横道线，规定行人横过街道时，只能走人行横道。由于这些横线看上去像斑马身上的斑纹，因而得名"斑马线"。有了醒目的斑马线，行人的安全就有了保障。其实，斑马身上的条纹与斑马线有着同样的妙用。

科学家发现，斑马身上的条纹如同一件隐身衣，可以帮助它们防止天敌的袭击。当狮、虎、狼等猛兽出现时，只要头马一动，所有的斑马都能迅速

跟着逃跑。而斑马身上的黑白条纹在阳光或月光的照射下，吸收和反射的光线各不相同，使斑马的身体轮廓变得模糊起来。另外，奔跑中的斑马身上起伏的纹路与草起伏的波纹很相似，远远望去，很难将它们同周围的环境区分开来，因此狮、虎等动物很难准确估计斑马的实际位置和运动速度，从而使斑马躲过劫难。

动物·小·知识

有人曾探讨斑马到底是长着黑条纹的白马还是长着白条纹的黑马。这个问题一直讨论不清，因为人们往往把占面积最多的颜色作为底色，而斑马的黑白条纹面积不相上下。最终有科学家得出了答案，他们把斑马的毛全部剃掉，发现斑马原来是长着白条纹的黑马。

此外，斑马的条纹还有一个妙用：分散和削弱刺刺蝇的叮咬。刺刺蝇是草原上常见的双翅目昆虫，它喜欢叮咬颜色单一的动物，并传播一种睡眠病。科学家曾在斑马生活的地方做实验，他们将染成黑、白和黑白相间三种颜色的铁桶通上电流，放在灌木丛中。不久，落在铁桶上的刺刺蝇全都受电击而死。科学家比较三种颜色的铁桶发现，黑白相间的铁桶上刺刺蝇数量最少。这也许能够解释，为什么在同样的环境下，羚羊等颜色单一的动物经常遭到刺刺蝇的叮咬，而斑马不会被叮咬，成功地躲掉睡眠病的困扰，使它们的群体不断地发展壮大。

猴王是怎样诞生的?

2003年11月的一天，在张家界市武陵源区宝峰湖风景区里，一只身强体壮的雄猕猴突然扑向一只年老的猕猴，一下将对方掀翻在地。迅速从地上爬起来的老猕猴勃然大怒，旋即进行反攻。一场激烈的"猴战"开始了。两只猕猴扭打在一起，使出浑身解数撕咬对方。风景区内的400余只猕猴全都围到一起，发出"嘁嘁"的鸣叫，仿佛在呐喊助威。

4个多小时后，"战斗"结束了，落败的年老猕猴带着满身的伤痕遁入丛林，而那只年轻体壮的雄猕猴顾不得擦去脸上的鲜血，在众猕猴的"欢呼声"中登上高处。它威风凛凛，不可一世。原来，它们是为争夺王位而战。俗话说，"猴不可一日无王"，一个猴群中一般有几十只到几百只猴子，如此庞大的队伍必然需要一位发号施令的猴王。一般来说，小猴群有1个猴王，大猴群有1~2个猴王，而一些拥有几百只猴的猴群，甚至有5个猴王。

猴王没有终身制，也不是论资排辈，要成为猴王，必须经过一番苦斗。猴王争霸赛一年一次。每年10月底至次年2月初，猴群中一些身强体壮的猴子便会前来向猴王挑战，决一胜负，胜者为王。战斗一般要持续好多天，经过互相间的反复较量，最终才能决出高低胜负。在打斗过程中，双方必须遵守游戏规则，只能够凭实力而战，坚决杜绝投机取巧的行为，如果不遵守规则，即使赢了也不算数。曾经有一只老猴王，在猴王争夺战中以作弊的方法取胜，结果遭到众猴的攻击，被逐出家园，后来它们又拥戴当初向老猴王挑战的那只雄性猴子为王。

动物·小·知识

因为猴子天性善变，多计谋，狡猾伪善，与古时诸侯性质很相近。古时候，诸侯们各据一方，个个多计谋善变，所以人们形容各据一方的霸主如一群猴子的王一样，善指挥应变，因而诸侯的"侯"字是将"猴"字的犬部去除，代表人而成"侯"，其道理在此。

王位争夺往往是残酷、血腥的。两只或者多只雄性猴子为了争夺王位，会不顾一切地进行厮杀。首先，双方互相怒视，比试谁更威风，企图以心理战术吓跑对方；如果这招不管用，它们就开始追逐撕咬，战场从树上移到地面，又从地面移到岩石上，上下翻滚，苦战不休。在打斗中，有的被撕掉耳朵，有的被咬歪了鼻子。然而它们都明白，没有退路，只能够破釜沉舟，决一死战。最后，胜者成为新猴王，统帅整个猴群。

然而，事物都具有两面性。猴王在位时风光无限，一旦下台却无比凄凉。老猴王一旦在猴王争霸赛中落败，将失去它在猴群中的地位与所有特权。如果老猴王在猴群中尚有一定威望，而且平日宽厚待猴，还有可能受到新猴王的尊敬，获得一个"副王"的位子，或者龟缩一旁，忍气吞声地听任新猴王的指挥；如果老猴王平时总是倚仗权势欺凌弱小，此时众猴会毫不客气地对它落井下石，将它逐出猴群，以至于它流落"江湖"，最终沦落为无人理睬的"孤魂野鬼"。当然，没有哪只猴王敢保证自己永远立于不败之地，因为王位的频繁更迭是猴群中不争的事实，这也体现了大自然残酷的生存法则。

为什么赤狐能报警?

狐和狸是截然不同的两种动物。狐长得像狗,尖尖的耳朵上长有浓密的毛,还长有一条厚密的长尾巴;狸比狐略胖,嘴略圆,在它的脸颊上还横生着长长的毛,狸的皮毛多为棕灰色,蓬松的尾巴是它的特征之一。

动物小知识

赤狐长长的尾巴有防潮、保暖的作用。它的腿脚虽然较短,爪子却很锐利,跑得也很快,追击猎物时速度可达每小时50多千米,而且善于游泳和爬树。

人们传说赤狐在遇到危险时是会报警的。原来,在赤狐的肛部两侧各长有一个腺囊,它能释放出奇特的臭味。如果赤狐看到猎人设置陷阱,就会悄悄地跟在猎人的后面,在猎人设下的每一个陷阱周围都留下一股臭味。这种臭味是一种特殊的警报,其他的同伴闻到这种臭味就知道是猎人设下的陷阱,不会再上当了。

除此之外,赤狐还能够根据这种气味标记领地,通过对方留下来的气味对对方的性别、地位等级和确定的位置进行识别。同时,赤狐的这种气味还是它们用作逃生的秘密武器。

为什么骡子不能繁殖后代？

　　大家都知道，小虎崽是老虎妈妈生的，小狗是狗妈妈生的，小猴子是猴妈妈生的，这在自然界中是再正常不过的事了。但是这个世界上还有一些事情，或许你听了之后会感到很奇怪。就以最常见的家畜骡子来说吧，它们是无法繁殖后代的，也就是说骡子并不能生出小骡子。这究竟是怎么回事呢？

　　我们人类以及其他哺乳类动物，都是由受精卵发育而来。雄性动物的生殖器官会产生精子，而雌性动物的生殖器官则会产生卵子，受精卵是精子和卵子结合后的产物，这是繁殖后代必须具备的最基本条件。而骡子的生殖能力却属于先天不足：我们看到的公骡和母骡虽然具有构造较完善的生殖系统，但是它们的生理机能却并不正常。据科学家研究分析，这是由于骡子的体内

缺少一种激素而造成的。由于这种激素的先天缺乏，致使公骡的生殖器官无法产生成熟的精子，母骡虽然能产生卵子，但因为它们的体内缺乏助孕激素，致使卵细胞不能健康发育，往往还没等到成熟就会因衰弱而死。

那么，没有生育能力的骡子为什么不会绝种呢？原来，骡子是一种名副其实的"混血儿"。一头公驴和一匹母马交配后生下的后代就是"马骡"，而一匹公马和一头母驴交配后生下的后代就是"驴骡"。所以你要是仔细观察就会发现，骡子身上有许多地方既像驴又像马。它们的体型和马接近，但叫起来的声音却和驴很相似；它们的耳朵很长，颈上的毛及尾巴又和马、驴有所不同，或者介于两者之间。它们体型高大，肌肉强健，继承了其"父母"各自的优点。此外，它们的耐力、抗病能力、适应性都比马、驴强，且寿命也较长。因此，人类一般用骡子来拉车、驮东西、耕地等，它们是人类的好帮手。

长颈鹿为什么不得脑溢血？

长颈鹿是现在世界上最高大的动物，它的身高在5米以上。它的头部距离心脏有3米，如果没有高的血压，大脑就不可能得到充分的血液。

科学家经过测定，发现长颈鹿体内的血压高达46.55千帕，高出人的正常血压的2倍。别的动物承受不住这样高的血压，否则血管会被涨破，因脑溢血而死去。可是，长颈鹿却不会发生脑溢血。

动物·小·知识

长颈鹿是一种谨慎、胆小的动物，每当遇到天敌时，就立即逃跑。它能以每小时72千米的速度奔跑。当跑不掉时，它那铁锤似的巨蹄就是很有力的武器。成年长颈鹿的蹄子足以将狮子的肋骨踢断。

为什么长颈鹿不会发生脑溢血呢？原来，长颈鹿身上的皮肤起到了重要作用。除了能够在丛林中隐蔽自己外，还能抵抗突然升高的血压。当长颈鹿低头喝水时，它紧绷的皮肤就会牢牢地箍住血管，不会因血压的突然增高而被涨破。另外一个原因就是长颈鹿有独特的血管结构。我们知道，包括人体在内的许多动物体内的静脉血管，为了防止血液回流都有一个叫静脉瓣的特殊结构。长颈鹿的脑动脉血管内也有类似的结构。在长颈鹿的动脉内壁上，长有许多囊状隔膜，当长颈鹿低头饮水或取食时，能够防止血液快速向下流动，冲击大脑，所以长颈鹿不会发生脑溢血。

科学家由此受到启发，发明了一种飞行服——"抗荷服"，它与长颈鹿的皮肤作用相似。飞行员穿上这种抗荷服，就能控制血管，从而使人的血压保持正常。

老鼠为何要"杀子"？

科学家们在对老鼠进行了长期的观察之后，发现一些雄性老鼠经常残忍地把刚刚生下的幼鼠咬死。起初，他们以为是雄性老鼠身上的雄性荷尔蒙在作怪。但是，经过后来的试验却发现，当其体内的雌性激素被去掉后，它们很快便停止了"杀子"行为。于是，专家们又得出结论，认为雄性老鼠"杀子"是其体内的雌性激素在作怪。那么，这些雌性激素为什么会使雄性老鼠做出这样的举动呢？没有人能给出合理的解释。

有人认为，老鼠的"杀子"行为与雄性激素或雌性激素无关，而提出了"空间竞争"的假说。他们认为，雄性老鼠的"杀子"行为往往是在空间狭窄的情况下发生的，所以，极有可能是它们为了扩大生存空间而为之。可是，雄性老鼠为什么非要将杀害的目标锁定在自己的孩子身上呢？

还有学者提出了"生殖优性"假说，认为老鼠"杀子"是为了孕育培养出更加强健的后代。

老鼠"杀子"行为的真正原因究竟是什么呢？这还需要科学家继续进行研究。

为什么旅鼠要投海自杀?

　　在北欧的挪威、瑞典等地,生活着一种奇特的鼠类,人们把它们称为"旅鼠"。每隔三四年,它们就会留下几个同伴,其余的数十万乃至数百万成员则成群结队地进行大规模的迁移。迁移时,即使遇到河沟它们也不回头,大批的旅鼠因此被淹死。

　　早在1886年春天,人们就开始注意到旅鼠的这种怪异行为了。当时,一艘游船正好驶到挪威海岸附近,船上的旅客们都看到,无数旅鼠正接二连三地从岸上投入大海。后来人们发现,这一带海面上漂浮着大量的旅鼠的尸体。

　　旅鼠为什么要集体投海自杀?一百多年来,许多学者都致力于这一奇特

现象的研究，但是直到今天，人们都没有成功破解这个谜。

动物小·知识

　　旅鼠是一种极普通、可爱的哺乳类小动物，常年居住在北极，体形椭圆，四肢短小，比普通老鼠要小一些，最大可长到15厘米。旅鼠尾巴粗短，耳朵很小，两眼闪烁着胆怯的光芒，但当被逼得走投无路时，它也会勃然大怒，奋力反击。

　　有人猜想，可能是因为旅鼠繁殖过多，每只旅鼠得不到足够的食物和生存空间，所以一部分旅鼠只能迁往他乡。再加上数万年前，挪威等地附近的海域都比现存窄得多，旅鼠便能顺利地游到彼岸。日久天长，挪威旅鼠便形成了集体大迁移的本能，并且代代相传。然而，随着时间的推移，当地的海域越来越宽，旅鼠已经无法顺利游到彼岸了，于是便出现了大批旅鼠"投海而死"的现象。

　　但是，有人曾注意到，某些旅鼠也会向北边的巴伦支海和北冰洋方向迁移。如果前面的猜想成立的话，说明巴伦支海和北冰洋的彼岸在许多年前也曾有过陆地。但是事实并不是这样的。

　　还有一些学者认为，旅鼠的这种行为与屡有发生的鲸类自杀事件很像，可能与一种纯生物学机制有关。但究竟是什么样的纯生物学机制，目前尚不清楚。

豪猪为什么会满身尖刺?

　　豪猪又叫箭猪,广泛分布在我国的长江流域和西南各省。它的身体肥壮,体重十几千克,个儿大的身长可达0.7米,牙齿锐利,头部有点像老鼠,全身棕褐色,从背部直到尾部披着簇箭一样的棘,尾部棘长而集中,短小的尾巴几乎全被掩盖。它身上最粗的长刺像筷子,呈纺锤形,最长的可达0.4米,每根刺的颜色是黑一段白一段,黑白相间的。

　　豪猪是夜行动物,白天藏于山坡、草地或密林中的洞穴里,晚上出来找食,有时成小群活动。它们每年繁殖一次,每次产仔2~4只,刚生下来的小豪猪刺是软的,但很快会变硬起来。豪猪吃植物性食物,如瓜果、蔬菜、玉米、花生、菠萝和番薯等农作物。它是农业上的害兽,为害严重时,一夜能糟蹋上百千克作物,所以豪猪是有害的兽类,所以应该予以消灭。

　　当豪猪在路上遇见敌害时,它会竖起身上一根根锋利的棘,并相互摩擦,发出唰唰的响声,同时嘴里也发出噗噗的声音,非常可怕。如果敌害继续进逼的话,它就转过身来,倒退冲向敌害,与敌害搏斗。

动物小·知识

　　一群豪猪挤在一起取暖,但是它们怎么都搞不好彼此的距离应该有多远。离得太近了,身上的刺就会互相扎,离远了又不暖和。经过多次磨合,它们终于找到了合适的距离。在心理学上,这种现象被称为“豪猪理论”。

　　豪猪身上的棘是由鬃毛转化而来的。根据动物学家的研究，很早以前豪猪身上只有鬃毛，有的个体偶尔长出几根较硬较长的棘，在大自然的长期生活中遇到强敌侵害时，棘起了御敌的主要作用。这种特征通过遗传，在后代中逐渐加强，久而久之，棘几乎长满全身。那些只长鬃毛的豪猪，没有这种御敌的有力武器，被敌害袭食的机会多，最后被自然淘汰，灭绝了后代。所以，豪猪长棘也是一种对环境的适应，是不断进化的结果。

为什么北极熊不怕寒冷?

　　就像企鹅是南极的象征一样，北极熊则是北极的代表。北极熊是北极地区最大的食肉动物，也是世界上体形最大的熊，它们广泛分布于北欧、西伯利亚北部及北美洲的北部。它们能在冰冷的北极海中自在地游泳或潜水，夏季通常以浆果和啮齿动物为食，冬天则是海豹、海豚、鳕鱼、鲑鱼等，其中海豹是它们的主食。

　　北极熊靠着灵敏的嗅觉，在几千米以外就能够闻到海豹散发出的气味，然后它们会以高达60千米／小时的速度向猎物奔去。有时候，北极熊也会以惊人的耐心在海豹出没的地方一动不动地等候，经常一等就是几个小时。只要海豹稍一露头，它们便立刻用利爪将其捉住。

动物·小·知识

　　北极熊是天生的游泳健将，它体形呈流线型，善游泳，熊掌宽大犹如双桨。因此，在北冰洋冰冷的海水里，它可以用两条前腿奋力前划，后腿并在一起，掌握着前进的方向，起着舵的作用，一口气可以畅游四五十千米。

　　也许有人会问，北极地区常年都是冰天雪地，北极熊为什么能在那里生存下去呢，它们是如何抗御严寒的呢？为了回答这个问题，一些科学家对北极熊的身体结构进行了研究。他们认为，北极熊之所以能抗御严寒，是因为它们身体表面的毛分两层：外层是针毛，较粗糙，毛管透明，能把照射到身上

的阳光全部吸收。内层是短而密的绒毛，毛与毛之间充盈着空气，令吸收的热量不致散发，并能保持体温。有了这样内外两层又密又厚的体毛，北极熊就像戴了帽子、穿了棉鞋那样暖和。也有一些科学家认为，北极熊能抗御严寒，关键在于它们的皮下长满了厚厚的脂肪，这些脂肪所分解产生的热量足以使其抵御刺骨的寒冷。还有一些科学家则坚持认为，北极熊体内应该还有一种特殊的生理构造，那才是北极熊抗御严寒最有效的武器。但是，究竟是什么样的一种生理构造，他们也不清楚。

　　总之，要在这个问题上取得一致的看法，科学家们还需要进行长期深入的研究。

为什么老虎只能吃肉？

老虎是凶猛的食肉动物，它吃的都是血淋淋的肉。那为什么在动物分类上老虎和猫是同科动物，而猫经过驯化，能食杂食，但老虎却不能呢，难道仅仅是因为它凶猛的本性吗？

生活的常识告诉我们，老虎吃肉，而羊却喜欢吃草。如果把它们的食物交换一下，那么老虎和羊都会饿死。老虎和羊吃的食物不一样，是因为它们有不同的齿列、消化系统。老虎张开大嘴，上下两边各有一只大而尖锐的犬齿。它利用这些犬齿，可以得心应手地戳穿、撕裂、把握和操纵食物。老虎上下颌的臼齿特别大，很锋利，非常有利于吃肉。但老虎的门齿却非常小，

可用来夹住食物或将食物切割成碎片。老虎的前后趾上生有钩状利爪，这又为捕捉动物创造了条件。还有，老虎的消化系统与羊不一样，它只分泌消化肉类的蛋白酶、脂肪酶，其中不含淀粉酶、纤维素酶。一种酶也只可以分解相对应的一种物质，所谓"食素"，就是吃粮食、蔬菜等，主要是以消化吸收淀粉酶、纤维素为主，老虎吃下这类东西无法消化。老虎的这些特点决定了它只能吃肉。

动物·小·知识

老虎的游泳技术高超，特别是母老虎。母老虎是大型猫科动物中最喜欢水的，天气热时经常在水中避暑降温，而且老虎的爬树技巧也很突出。老虎本来就属猫科动物，猫会爬树，老虎自然也会爬树。那个猫是虎的师父，却没有教它爬树的故事，不过是人们长久以来的以讹传讹罢了。

老虎总是爱在白天睡觉，这是它捕食的需要。因为老虎生活在深山野林里，而深山野林里的小动物一般都在晚上出来活动，白天都躲在自己的巢穴里，老虎为了晚上出来捕食，只好在白天睡觉养好精神，以便晚上出去捕食。久而久之，便养成了爱在白天睡觉的习性。我们常常看到动物园里的老虎也爱在白天睡觉，这是因为它们虽然不需要在晚上捕食了，但白天睡觉的习性却保留了下来。

食蚁兽是如何取食的?

食蚁兽是哺乳动物，在中美和南美，南至阿根廷热带森林中生活。食蚁兽的结构特征，与其捕食蚂蚁和白蚁等昆虫活动密切相关。食蚁兽的头骨长而大致呈圆筒状，颧骨完全，长的鼻吻部有复杂的鼻甲，齿骨细长，无齿，蠕虫状的长舌能灵活伸缩，舌富有由唾液腺分泌的唾液和腮腺分泌物的混合黏液，可以粘取蚁类。这些发达的腺体长在颈部。其前肢有力，第三趾很粗大，长着强而弯曲的爪，其余各趾缩小。

大食蚁兽过着地栖生活，靠指关节及弯曲的趾行走，而小食蚁兽二趾食蚁兽和环颈食蚁兽则完全或部分过着树栖生活，它们在步行时，前肢靠带弯爪的内向趾背着地。食蚁兽体型悬殊很大，小食蚁兽大似松鼠，体重不过350克，而大食蚁兽重达25千克。大食蚁兽全身有长而粗的毛，毛色为棕褐色，尾部肥大，多下垂的长毛，而其他树栖种类的大食蚁兽身上和尾部的毛都很短，并且尾有抓挠能力。短鼻食蚁兽是树栖食蚁兽，长有长长的爪子和能缠绕在树枝上的尾巴。

食蚁兽捕食时，有力的前肢能撕开蚂蚁和白蚁的巢，通过长舌进行捕食，然后囫囵吞下，靠胃部变厚的幽门磨研。食蚁兽在地面活动时显得特别笨拙。树栖的两个属，前掌趾爪用作抓挂，用双肢交替前进，沿着树干运动。小食蚁兽完全树栖，在高树上觅食；环颈食蚁兽体重3~5千克，属于树栖动物，偶尔也在地面活动。它们都具有夜行性，大食蚁兽则完全是地栖昼行性动物。

动物·小·知识

当遇到危险时，食蚁兽的后肢能够站立，尾或背作为支柱，形成稳定的三脚架姿态，用掌爪与对手厮打。虽然其头部毫无防御装备，但强有力的前肢和非常锐利的巨爪是极富威力的"武器"。

巨食蚁兽每天需要休息14~15个小时，醒后，就开始在蚁穴之间慢吞吞地走来走去寻找食物。它们长有灵巧的器官，非常适合捕食那些小型的猎物。食蚁兽的前足上还长有4~10厘米的尖而有力的爪子。食蚁兽用它来打开蚁穴而不是破坏蚁穴，然后再将它们的长鼻子伸进蚁穴，用舌头舔食蚂蚁。

食蚁兽的舌头不仅很长，而且具有伸缩性。它的舌头能惊人地伸到60厘米长，并能以1分钟150次的频率伸缩。它的舌头上还遍生小刺并有大量的黏液，蚂蚁一旦被粘住后就无法逃脱。一般一个蚁穴中，一头食蚁兽能吃140天左右的蚂蚁，吃完后就离开再另换一个蚁穴。靠这种吃法，它可以保证自己领地内蚁穴中的蚂蚁存活下去，以便它改天再来美餐。

食蚁兽具有灵敏的嗅觉。它能靠鼻子嗅出蚁穴，然后再用利爪把蚁穴刨开。在刨蚁穴时，它们总是十分小心，以保证蚁穴的完整无缺。食蚁兽靠指关节行走，这样可以保护它的长爪子。因此，食蚁兽走起路来像个跛子。

为什么鲸会集体自杀?

鲸是世界上最大的动物。在海洋里,几乎没有什么动物能伤害成年的鲸。按理说,它们应该生活得无忧无虑了。可是,鲸的自杀之谜却成了困扰科学家多年的难题。几十头、几百头鲸冲上海滩集体自杀的事件屡见不鲜。虽然每当有鲸搁浅,热心的人们就会自发地展开救助行动。但是不知道为什么,好不容易获救的鲸往往会再次冲上海滩。到底是什么原因导致鲸这样"想不开"呢?

动物小·知识

鲸类是一种生活在水中的哺乳动物,具有和陆上哺乳动物相同的生理特征,例如用肺呼吸、胎生等,更配备了一些为适应水生环境所演化出的特殊生理构造。

对此,人们众说纷纭。有人说是因为鲸在捕食的时候游得太快,靠近海滩时来不及"刹车"。这种说法的依据是鲸的眼睛只有一个小西瓜那样大,而且视力极度退化,一般只能看到17米以内的物体。一头巨大的鲸还不能看到自己的身体那么长的距离。但是如果是这个原因,在漫长的历史年代中,鲸早就自行灭亡了。所以这种说法应该不成立。

经过多年研究,科学家发现鲸具有一种高灵敏度的回声测距的本领。鲸能发射出频率范围极广的超声波,这种超声波遇到障碍物就反射回来,形成回声。鲸根据这种超声波能准确地判断前方障碍物的大小和距离。这种定位

方法的误差一般很小。据此，科学家终于揭开了鲸的集体自杀之谜。

　　原来，人类无论是从事鱼群探测、海洋石油勘探、船舶导航，还是进行水下作业、水文测量，都使用了声呐。声呐能够利用超声波进行水下探测、定位和通信。同样是利用超声波，这无疑会使鲸的回声定位系统发生紊乱。冲上海滩的鲸其实并没有自杀的本意，而是受到了人类的干扰而迷失方向，从而导致了鲸的集体自杀行为。

为什么座头鲸会唱歌？

每年冬季，200多头座头鲸从大西洋各地聚集到多米尼加共和国的萨马纳湾，雌鲸会在这片温暖的水域产仔。在照料幼鲸的头一个月里，鲸群还会再次交配，海湾里到处都是它们求偶的歌声。

美国康奈尔大学的凯蒂·佩恩博士已经欣赏了十多年的"水下音乐会"，水下声波探测器记下了鲸群的各种声音。佩恩发现鲸的叫声有着复杂的节奏和组合规律，犹如缓慢、冗长的歌曲。她还发现海湾里的每头鲸都在唱同一首歌。这首歌大约有5个严格排列的主题。雄鲸不断地重复每个主题，唱完一个主题后总是转入下一个主题再反复吟唱。它会周而复始地唱个不停，直到用一个显著的长啸作为"结束音"。

动物小知识

座头鲸是富有社会性的一种动物，性情十分温顺可亲。成体之间也常以相互触摸来表达感情，但在与敌害格斗时，则用特长的鳍状肢，或者强有力的尾巴猛击对方，甚至用头部去顶撞，结果常造成皮肉破裂，鲜血直流。

佩恩博士发现座头鲸竟然还能"作曲"。鲸唱的歌曲每年都在发生变化。十多年前，歌曲里还只包含着这5个主题，但在两年后加入了一声低沉的嘟哝声。又过了两年，又加上了4声嘟哝声，再到了下个繁殖季，已经变成了13声。那么，座头鲸为什么会唱如此变化多端的歌曲呢？佩恩觉得多

变的旋律可能是为了吸引喜欢花哨乐曲的雌鲸，就像人类一样，男性善用富有创意的点子吸引女性的注意。

毫无疑问，座头鲸奇异的叫声表现出了复杂的音乐性，它们奇妙的作曲能力，是除人类外的动物世界绝无仅有的。从座头鲸身上，我们或许能揭示音乐在生物学上的起源呢。

海豚为什么会救人？

在世界各地都有关于海豚救人的报道。有很多人提出了疑问：海豚真的能够救人吗？

有人认为，这是海豚对人友好的表示，是一种有意识的高尚行为。而动物学家却不同意这样的观点。1959年，美国动物学家德·西别纳勒等人在大海航行时，看到两头海豚游向一头被炸药炸伤的海豚，努力搭救着自己的同伴。不仅仅是对同伴，即便是面对无生命的物体，海豚也会表现出极大的热忱。它们甚至会靠近大海中漂浮的海龟的尸体、碎木和褥垫，推动这些物体在海水中前进。

动物·小·知识

海豚是一类智力发达的动物。它们既不像森林中胆小的动物那样见人就逃，也不像深山老林中的猛兽那样遇人就张牙舞爪，海豚总是表现出十分温顺可亲的样子与人接近。比起狗和马来，它们对待人类有时甚至更为友好。

由此看来，海豚救人只是由泅水反射引起的一种本能。也就是说，海豚在营救受窒息和死亡威胁的同伴时，能够打开喷水孔，完成呼吸。这种行为是海豚在长期的自然选择中形成的，对于延续种族、保护同类生存是十分重要的。当然，海豚对于人甚至无生命的物体也是如此，它们会通过喷水孔完成呼吸，同时，使人或无生命的物体在水中向前推进。因此，人们认为，救人行为只是海豚的一种本能。

为什么说鬣狗是草原清道夫？

  鬣狗有着不太好的名声，总是和贪婪、食腐、投机取巧等词联系在一起，这与它的外表和生活习性有直接的关系。它外形丑陋、生性凶残，因鬣狗以吃腐肉为生，所以，有鬣狗出现的地方，大都能找到动物尸体。叫声仿佛人的奸笑声一般，令人毛骨悚然。

  之所以说鬣狗是草原上的清道夫，是因为它们有着坚固的牙齿和颚骨，能轻而易举地咬断尸体的骨头和肉，甚至包括非洲水牛和斑马这类大型动物的骨头、角。鬣狗此举也减少了草原上发生传染病的机会。

动物·小·知识

多年来，人们把斑鬣狗描述成"猥琐胆小、令人讨厌的家伙"，说它是"最丑陋的、怪模怪样的、蠢笨的贪食尸骨的动物"。这些贬意之词，实际上是对斑鬣狗的误解。其实，斑鬣狗是一种强悍的中型猛兽。

鬣狗平时独居，如果实在找不到现成的食物，饥肠辘辘的鬣狗有时会组成一支同盟军，雌性鬣狗的领导下，发动一场大规模的狩猎活动。它们捕捉的对象多为虚弱或者有病的动物。

人们有时会误把鬣狗认作是豺犬，因为它们的外貌多数有些相似，但鬣狗的颈上长有鬃毛，而豺犬则没有。

种类不同的鬣狗有着各不相同的求生方式。身上长着圆形斑点的斑点鬣狗常常"拖家带口"地借宿于土豚的洞中。一旦遇到危险，它们会溜之大吉。身上长着深色条纹的条纹鬣狗被大型食肉动物追击时，会假装死去以保全性命。

为什么猎豹能跑那么快?

　　猎豹属于猫科动物，是猎豹属下唯一的物种，又被人称为印度豹。目前主要分布在非洲与西亚。与其他猫科动物不同的是，猎豹依靠速度来捕猎，而并非偷袭或群体攻击。

　　猎豹是奔跑速度最快的陆地动物。全速奔驰的猎豹，时速能够超过120千米，相当于百米世界冠军的3倍，但猎豹不能长时间进行奔跑和追逐猎物。如果猎豹不能在短距离内捕食猎物，它就会放弃，等待下一次出击。如果长时间奔跑会导致猎豹体温过热，甚至导致死亡。猎豹不仅是陆地上速度最快的动物，在猫科动物成员中，也是历史最久、最独特和特异化的品种，而且，它有着惊人的加速度。据测，一只成年猎豹几秒之内就可以达到每小时100千米的

速度。

　　由于猎豹基因高度纯化，远亲之间的皮肤能够随意移植，而不会发生排异反应。人们在对猎豹的亚种进行分类时，也非常困难。对猎豹血液中的蛋白质分析显示，不同猎豹之间的差异是非常细微的，因此对猎豹亚种的划分一直以来存在着争议。

　　猎豹快速的奔跑速度，对于它整个身体的呼吸系统和循环系统都是一种严峻的考验。当它的奔跑速度达到每小时115千米以上时，它的呼吸系统和循环系统都会进行超负荷运转。大家知道，当动物机体运动的时候，它体内会产生大量的热。动物必须把这些热排出去，就像人类一样，人类运动跑步的时候会大量地出汗或者喘气。一方面是吸进氧气，另一方面通过出气，排出一部分热量。此外，汗液也可以排出一部分热量。由于猎豹无法一下子把囤积的热量排出去，很容易出现虚脱症状，所以猎豹一般只能短跑几百米，它就减速了。要不然它身体就过热，然后会产生虚脱。所以这种奔跑是很伤元气的，有时候即使猎豹抓住了猎物，但因为它捕食时跑得太快，它也不能及时进食，往往需要休息一下，或者喘喘气，才开始进食。这个时候猎豹最脆弱，如果稍微不留心，它的猎物就可能被附近的狮子或者豹子抢走，甚至它自己还会有生命之忧。饿极的狮子或者久已没进食的狮子，很有可能把猎豹当做它们的捕食对象。

犀牛为什么喜欢在泥浆中打滚？

在犀牛的名字里虽然有个"牛"字，其样子长得也像牛，但是它与牛之间却不存在什么亲戚关系。犀牛体态威猛，身躯庞大，体长可达4~5米，高达1米多，重3000~4000千克，是陆生动物的亚军，体形仅仅小于大象。犀牛的外表看起来像一辆"装甲车"，锋利的角、结实的厚皮和庞大的身躯都是它们抵御敌害的武器。所有的犀牛都是食草动物，它们只吃树叶或杂草，不吃肉。平时，它们的脾气很温和，可是一旦发起脾气来，就连老虎、狮子也不敢招惹它。

动物·小·知识

在繁殖和哺育幼崽时期，犀牛会变得相当警惕，闻到一点异常气味或异常声音就会进入战斗状态，此时犀牛会攻击一切踏入它领地并可能对它构成威胁的生物并将其视为敌人，它会以每小时56千米的速度冲向"敌人"，残忍地杀死"敌人"或者将其赶出自己的视线范围。

犀牛这个"大块头"有个十分奇特的爱好——喜欢在泥浆中打滚。也许有人会说，那多脏呀！可是，你知道吗？这是它们对付蚊虫的"绝招"。别看犀牛高大强壮，但它们却拿那些叮在身上的虱子、蚊子没办法。这些蚊虫的叮咬，会引起犀牛身上的各种皮肤病，但如果犀牛在泥浆中滚上一滚，皮肤的缝隙被泥浆填满了，小蚊虫也就钻不进去了，所以犀牛才会有这么个特别的爱好。

貂熊的"禁圈"有什么秘密？

在《西游记》"三打白骨精"一节中，孙悟空用金箍棒在唐僧等人周围画了一个圈，便将所有的妖魔鬼怪、豺狼虎豹挡在了圈外。当然，小说中孙悟空所画的"禁圈"是虚构的，然而，动物界中的很多动物的确都有画"禁圈"的本领，其中最典型的是一种叫貂熊的动物。

貂熊即狼獾，生活在北方的森林和冻土地带，在我国仅见于东北大兴安岭林海深处，是一种珍稀动物。貂熊的身长1米左右，头部像熊，尾部像貂，屁股上有臭腺，能发出特殊气味。它们的腿非常有力，能够在冻原上追赶奔

跑速度极快的驯鹿。貂熊不仅特别贪吃，胃口极大，而且性格非常凶猛、贪婪，力大无比。它们通常能捕食比自己大好几倍、重数倍的兽类，并将庞大猎物的尸体拖走。

然而，貂熊在捕食猎物时，并不是一味地使出浑身力气直接攻击猎物或迂回偷袭猎物，而是用自己的尿在地上撒个大圆圈，将猎物圈起来。奇怪的是，被圈进来的小动物，就像中了魔法一般，乖乖地待在圈子里，眼睁睁地等着貂熊把自己吃掉。正是凭借着这一秘密武器，貂熊才能顺利地捕获驯鹿、獐子、狐狸等形体高大、善于奔跑的动物。然而更奇怪的是，当凶猛的肉食动物如豹子、豺等看到被貂熊"圈"起来的动物时，也只能在圈外徘徊，不敢越"雷池"一步。

动物·小·知识

> 貂熊为寒温带动物，活动范围广，溪流、河谷、林带以上的冻土及裸岩都有它的足迹。无固定巢穴，洞穴多有两个出口，便于遇险逃遁。貂熊生性机警，行动隐蔽，善游泳、攀爬，能够在密林中自由跳窜，故又名"飞熊"。

对于貂熊画"禁圈"的奇怪现象，科学家们纷纷提出了自己的见解。有人认为，这是因为貂熊生性凶猛，在自然界中几乎没有天敌。小动物一旦被它逮住就无法逃脱，连猛兽也让它几分。所以，那些弱小的动物们一闻到貂熊尿液的气味，就只能束手就擒，而豹子等猛兽则只好无奈地避开。可是，弱小动物见到猛兽时，一般都会奔跑拼命，为什么它们遇到貂熊时却会坐以待毙呢？由此可见，这样的解释还不足以让人信服。另外，也有人猜想，可能是貂熊的尿液里有特殊的麻醉成分，能麻痹动物的神经中枢。然而，科学家们至今也没能从中找到这种特殊的成分。

貂熊用尿液画的"禁圈"为什么这么神奇？科学家们将继续进行研究。

第三章

探知昆虫家族

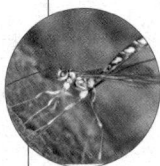

在所有的动物中，以昆虫最为繁盛，人们已发现的有80多万种。在生态圈中，昆虫扮演着很重要的角色。虫媒花需要得到昆虫的帮助，才能传播花粉。但昆虫也可能对人类产生威胁，如蝗虫和白蚁。而有一些昆虫，例如蚊子，还是疾病的传播者。有一些昆虫还能够借助毒液或是通过叮咬等方式对人体造成伤害，例如有人入侵虎头蜂，就会被螯针注入毒液等。

为什么蚊子爱吸血?

　　拥有刺吸式的口器，纤小能飞，喜欢血腥——它们就是人类公认的四害之一：蚊子。世界上，除了南极洲之外，到处都有它们贪婪的身影。更让人气愤的是，这些小坏蛋不仅喜欢吸食人血，还会传播疾病。

　　几乎每个人都被蚊子"咬"过，可事实上蚊子并没咬人，因为蚊子无法张口。其实它们是用六支像针一样的刺，刺入人的皮肤里面，而这些短刺就是它们"作案"的工具。当蚊子飘然离去时，留给人们的，就是一个个痒痒的肿包。

动物·小·知识

公蚊子不吸血，只吸食植物的汁液，所以它们一般不进屋。只有秋后天气冷了才会跑进室内避寒。吸血的都是母蚊子，吸血是为了增加营养，繁殖后代，吸饱了就找有水的地方产卵去了。

蚊子并不会区分人类的血型，而且它们吸血的原因也不是因为饥饿。它们吸血的原因很简单，不过是想提高自己的繁殖力而已，而我们人类的血液里就含有使蚊卵成熟的物质。如果你的血液里含有比较丰富的胆固醇，那你更容易招来蚊子。

蚊子的嗅觉很强，当我们呼出二氧化碳和其他气味时，这些气味就会在空气中扩散开来，成为蚊子开饭的铃声。蚊子跟踪起目标来非常有耐心，总是随着我们呼出的气味曲折前进，一旦确定目标，就落到皮肤上寻找地方"下口"。

为什么苍蝇不得病?

在任何污秽的地方都少不了苍蝇的身影,苍蝇几乎就是脏的代名词。伤寒、霍乱、结核病和痢疾等病原体都可以在苍蝇身上找到,苍蝇也是传播疾病的使者。但是携带这么多的病毒,苍蝇自己却安然无恙,其生命力之强可见一斑。科学家为了解决这个问题研究了一个多世纪,研究证明,一只苍蝇身体表面携带的细菌能够多达1700万个至5亿个,它体内携带的细菌更多,病菌种类可以达到60多种。然而,让人难以想象的是,虽然苍蝇全身都是病菌,但是为什么它自己就不得病呢?

科学家认为,这些细菌在苍蝇体内是可以生长繁殖的,但是对苍蝇来说却是无害的,对人却是有害的、致病的。这就好比人类身上以及消化道里也有几百亿个甚至更多的细菌一样,它们中多数对人是无害的,不会使人致病。他们认为这是细菌与媒介昆虫(指苍蝇)之间,在长期进化过程中形成的一种适应。

动物·小·知识

苍蝇在起飞的启动阶段,总是通过中足和后足的"蹬地"动作弹跳,在0.03秒的时间内离地并展开翅膀。苍蝇的飞行路线与地面的角度常常小于40°,只有在极其偶然的情况下才出现接近垂直的起飞倾角,不过在离地10毫米后又会转为倾斜角度。

20世纪80年代的科学家莱维蒙尔尼卡在研究中发现,苍蝇体内的病菌有

着很强的繁殖能力，它们甚至可以在3~5秒内完成后代繁殖，它们完全能够在苍蝇体内"兴风作浪"，甚至可以使苍蝇失去生命。但是，苍蝇为什么不怕它们呢？经过进一步研究，他发现，当病菌侵入苍蝇体内，威胁着它的机体健康时，它的免疫系统就会立即释放出BF64球蛋白和BD2球蛋白两种免疫蛋白，它们使苍蝇具有了极强的抗病能力，因此苍蝇不易得病。

这两种免疫蛋白，也可以说是苍蝇体内的"跟踪导弹"。因为当它们从免疫系统发射出来以后，就能自动寻找病菌，并引起爆炸，与"敌人"同归于尽。而且这两种球蛋白，一前一后，一般都是联手对敌，寻找目标。如果体内侵入的病菌太多，免疫系统产生的"跟踪导弹"也随着增加，就像机关枪的子弹，不断地射向目标，直到完全彻底地消灭细菌。"跟踪导弹"的杀菌力要比青霉素、庆大霉素等抗菌素大得多。

经过多年的实验和研究，日本科学家名取俊二终于于20世纪90年代在麻蝇的体液中，成功地提取出了外源性凝集素（一种特殊蛋白质）。他认为这种外源性凝集素是苍蝇具有抗病本领的主要原因。他将提取出来的这种外源性凝集素在哺乳动物身上实验，发现它使肿瘤细胞先萎缩，随后慢慢地消失，有效地干扰、阻止哺乳动物体内的肿瘤细胞。

尽管人们的研究已经卓见成效，但是苍蝇究竟是使用哪种绝招进行防病抗菌的，这对于人们来说，仍是个未解之谜。而一旦解开这个谜，将有助于人类防病抗病。

为什么蜜蜂蜇人后会死?

蜜蜂生性胆小,一般情况下受到惊吓就会飞走。但是一旦遭到侵袭,蜜蜂也会奋起反击。蜜蜂唯一的武器就是尾巴上的毒针,而且这根毒针只能用一次,用完之后蜜蜂就会死去。但是为什么攻击敌人的武器会送掉自己的性命呢,蜜蜂的毒针里藏着什么秘密呢?

有毒针的雄蜂数量很少,刺人的蜜蜂实际上都是雌性的工蜂,而且雄蜂不大会离开蜂巢,就算用手碰它也不会被蜇伤。

动物·小·知识

蜜蜂的嗅觉非常灵敏,它们能够根据气味来识别外群的蜜蜂。在巢门口经常有担任守卫的蜜蜂,不使外群的蜜蜂随便窜入巢内。在缺少蜜源的时候,经常有不是本群的蜜蜂潜入巢内盗蜜,守卫蜂立即搏斗。但是在蜂巢外面,情况就不同了,比如在花丛中或饮水处,各个不同群的蜜蜂在一起时,它们互不敌视,互不干扰。

工蜂的产卵管就是毒针,因为工蜂不再有产卵的能力,所以产卵管慢慢演变成了毒刺。毒针的一端与蜜蜂身体里的毒腺和内脏相连,另一端有很多锯齿形的倒钩。所以,当毒针扎进皮肤里时,针上的倒钩使工蜂难以把它拔出来。不但如此,紧紧钩住皮肤的毒针,反而会把急于飞走的蜜蜂的内脏拉出来,在攻击敌人的同时,工蜂就这样付出了自己的生命。所以,工蜂总是在最危急的时候,才使用这种"一次性"毒针。

　　蜜蜂为植物传播花粉，酿造甜美的蜂蜜，是一种益虫。我们应该保护它。如果被蜜蜂蜇了，要立即拔掉毒针，并用力挤出毒液，伤口就不会肿得那么厉害了。

蚂蚁是怎样认路的?

我们常常能看到一群群蚂蚁在忙碌地搬运着食物,看上去有条不紊、秩序井然。那么,蚂蚁是如何识别道路的呢,难道它们也会像我们人类一样用眼睛来认路吗?

其实,蚂蚁走路时的样子很像盲人,它们的触角跟盲人手里的竹竿一样,每走一步都会用两根"竹竿"不断地敲地,这是在探路。不过蚂蚁的触角比盲人的竹竿还要管用,因为它们的触角有两种功能:一是触觉作用,通过触角接触外部世界,就能探明前方物体的轮廓、形态和硬度,以及前进道路的地形起伏等情况,这跟盲人竹竿的作用是完全相同的;二是嗅觉作用,通过闻嗅来识别物体,并进而判断其是否对自己有用,这是盲人的竹竿所没有的功能。

在走路的同时，蚂蚁还会从腹部末端的肛门和腿上的腺体里不断分泌出少量的、带有特殊气味的化学物质，叫做"标记物质"，使其沾染在路上，留下痕迹。远离蚁巢的同窝蚂蚁在回巢的时候，就会用它们特殊的鼻子——触角，闻着这条气味路标前进，这叫做"气味导航"。

动物·小·知识

　　蚂蚁一般会在地下筑巢，通常是工蚁负责建造巢穴。蚂蚁的地下巢穴的规模非常大，有着良好的排水、通风措施。出入口大多是一个拱起的小土丘，像火山那样中间有个洞。其次也有用来通风的洞口。巢穴里的每个房间都有明确分类。

　　但蚂蚁是用什么方法来重新建立新的路标呢？研究发现，定位是蚂蚁重新建立新路标的基础，即靠太阳的位置，用天空中的偏振光进行导航，这叫做"天文路标"。在某个方向上振动，或者在某个方向上的振动占优势的光，就是偏振光。太阳光本身并不是偏振光，但当它穿过大气层，受到大气分子或尘埃等颗粒的散射后，就会变成偏振光。有一种生活在沙漠中的蚂蚁，在离开自己的巢穴时，总是弯弯曲曲地前进，到处寻找食物，可是一旦得到食物后，即使在离巢很远的地方，它们也能找到最直、最近的路线回到自己的巢穴。

　　科学家在蚂蚁身上做了一个实验，给蚂蚁戴上"有色眼镜"——使它们通过具有各种颜色的滤光片来观察天空。结果发现，让蚂蚁看波长为410纳米以上的光线时，蚂蚁就像迷了路一样，找不到方向了；但如果给它们看波长在400纳米以下的光线时，它们能很容易地找到前进的方向。而紫外线的波长正是在400纳米以下，也就是说，蚂蚁是用紫外线来导航的。

为什么嗜血蜘蛛喜欢吸食人血？

　　美国著名动物学家波得教授曾与其助手坎坡斯来到亚马逊河流域茂密的丛林中探索未知的动物。在一条岔路口，两人决定分头行动。两人分开后，仅仅过了四五分钟，坎坡斯便大声呼救。当波得教授赶到坎坡斯身边时，只见他的躯干和四肢被许多粗丝紧紧缠住，看起来非常痛苦。一只巨大的蜘蛛正在吸取坎坡斯的血液。身手敏捷的波得教授见状，马上掏出手枪，将这只巨大的蜘蛛击毙。后来，他们捕捉了四五只这样的蜘蛛，装在瓦罐中，准备带回去进行研究。

　　在返程途中，他们借住在一个村民家中。这家的小男孩对那些蜘蛛产生了兴趣。夜深人静时，小男孩偷偷打开瓦罐，想看个究竟，没想到被蛛丝层层裹住。小男孩在惊慌中赶紧向家人大声呼救。但是，等其他人闻声赶来时却发现，小男孩全身的血都已经被蜘蛛吸光了。

　　后来，又有科学家在东非地区发现了这种嗜血蜘蛛。它们并不是编织好一张网等待猎物的到来，而是凭借敏锐的视觉和灵敏的嗅觉主动出击。如果不能直接吸食人体血液，它们也会捕食刚吸食过人类血液的雌性蚊子。

　　嗜血蜘蛛为什么对人类的血液青睐有加呢？有的科学家从生物学的角度进行分析，认为原因在于人类的血液对嗜血蜘蛛十分重要。由于嗜血蜘蛛很难直接食用固态食物，所以它们在进食固态食物时，会将一种消化酶注射到食物上，将固态食物转化成为液态，然后再慢慢享用。在这个过程中，它们需要消耗大量的体力和能量，而人类的血液富含营养，能够满足它们的需要。因此，人类的血液便成了它们的首选食物。

　　嗜血蜘蛛又是如何准确捕捉雌性蚊子的呢？科学家们认为，蜘蛛是一种具有非凡化学感应能力的动物，它们能够通过灵敏的嗅觉，准确地探测到含有血液的猎物。再加上雌性蚊子在饱吸人类血液后，飞行速度会变慢，所以更容易成为嗜血蜘蛛的猎物。

　　不过，以上解释都只是科学家们的推测，真正的原因还有待于科学家们进一步进行探索。

为什么萤火虫会发光？

　　萤火虫属鞘翅目，萤总科。目前，全世界已知道的萤火虫有2000种，分布在热带、亚热带和温带地区。我国记载的有10属54种。萤火虫幼虫和成虫以捕食蜗牛和小昆虫为生，常常栖息在潮湿温暖、草木繁盛的地方。水生萤火虫幼虫的天敌种类较多，主要有水蚤、长臂虾等。它的生长时间相当长，多经过卵、幼虫、蛹与成虫4个阶段，为完全变态的昆虫。

　　萤火虫是这一科昆虫的通称。它们的头被前胸覆盖，体较扁而体壁柔软，在萤火虫的腹端还长着发光器，能够发出微光。

　　萤火虫是中型昆虫，体长而扁平，体壁与鞘翅柔软。前胸背板平坦，常盖住头部。头狭小。眼半圆球形，雄性的眼常大于雌性。在额的前方，两眼之间具有1对触角，各11节，大多为丝状、锯齿状或栉齿状，两个触角的基部相接近。上颚弯曲，贯穿有沟。雄性一般鞘翅发达，盖住腹部和后翅，雌性一般无翅，但黄萤属雌、雄均有翅。鞘翅表面密布细短毛。前足基节圆锥形，有亚基节；中足基节圆筒状，两基节相接连；后足基节呈横阔形。萤火虫的足细长，没有特殊膨大的部分，跗节有5节。腹部为7~8节，末端下方长有发光器，能够发出黄绿色的光芒。

　　萤火虫的幼虫体色一般为褐色，体型为长形，前后两端尖细，体节较明显。头小，但足比较发达，它的发光器一般位于第8腹板。

　　发光的萤火虫是美丽的，也是浪漫的，让萤火虫像星星一样挂在天上，是不少人童年的梦想。但是在新西兰北岛一个小城，这种梦想竟然可以变成现实，有人把这里神奇的自然奇观称为"世界第九大奇迹"，成千上万的萤火虫在岩洞内熠熠生辉，灿若繁星。人们是怎么发现这个聚集了那么多萤火虫的山洞的呢？

动物·小·知识

　　　　萤火虫在天黑时才开始发光，寻找萤火虫宜用电筒照路，避免直照，萤火虫受电筒照射时可能短暂时间停止，反而找不到它们。

　　据说，100多年前，毛利族人发现了这个神奇的山洞。1887年，一名英国测绘师在当地毛利酋长的陪同下，乘亚麻小筏，手持火把进洞探险，发现了洞内奇景。这些发光体是当地一种萤火虫的幼虫。它们聚集在一起，形成了奇妙的景观。从此以后，游人接踵而至，萤火虫洞也扬名世界。

　　萤火虫喜欢在夜间活动，卵、幼虫和蛹能发光。虽然萤火虫发出的光极其微弱，但还是有作用的。在我国，曾流传着古代人把萤火虫放入瓶中，照亮书本在夜间读书的故事。在第二次世界大战期间，日本军队在森林中巡逻

时，为了阅读简短的命令而又不让敌方发现，就用萤火虫照明。

那么，萤火虫为什么会发光呢？萤火虫发光的目的，主要是用来吸引配偶进行交配。根据观测，雄虫发光后，雌虫也会发出荧光作为回应。这样，在黑暗中它们就能清楚地知道彼此的位置。

为什么蜻蜓要点水?

　　一到夏天，我们便会在池塘边、小河边看见许多的蜻蜓在水面上飞舞，它们时不时地飞到水上，快速地用尾部点一下水面，激起一圈圈的波纹，非常好看。其实，蜻蜓在水面上跳舞，是因为它们要把卵产在水里。

动物小·知识

　　蜻蜓是世界上眼睛最多的昆虫。蜻蜓的眼睛又大又鼓，占据头的绝大部分，而且每只眼睛又由数不清的"小眼"构成。这些"小眼"都与感光细胞和神经连着，可以辨别物体的形状大小。它们的视力极好，而且还能向上、向下、向前、向后看而不必转头。

　　蜻蜓是不具蛹期的昆虫，它们的幼虫是在水里成长的，所以它们要把卵产在水里。蜻蜓都习惯用点水式产卵，有的蜻蜓会连续点水，一次产下3~5粒或二三十粒卵。有的蜻蜓却习惯先把卵堆积在自己的尾端——也就是点水的部分，然后再去点水，把一二百粒的卵全部排到水里。也有一些种类的蜻蜓是潜下水底，把卵产在水草下。还有一些蜻蜓喜欢在空中一边飞翔交配，一边把卵"空投"到水里。在水中的卵夏天通常6~10天就会孵化，那些孵化的幼虫称为"水虿"。

　　除了美丽的蜻蜓把卵产在水中之外，许多动物也会把卵产在水中，比如"捕虫能手"青蛙也是把卵产在水中的。

为什么蝗虫喜欢聚会？

科学家经过研究后证实，蝗虫喜欢成群地挤在一起活动：一是因为蝗虫对产卵环境的要求很高，既要土质坚硬，又要湿度适宜，还要有阳光直射，能满足这些条件的地方不多，一旦找到，它们便会集中在这块地上产卵。这便养成了蝗虫的幼虫一出生便会互相靠拢、互相跟随的习惯；二是蝗虫之所以要集体活动，与其生理需求也有关系。蝗虫需要较高的体温来促进和适应活跃的生理机能。当它们成群地挤在一起，热量就不易散失，体温也较易保持。

蝗虫所造成的灾害几乎是人类的一场噩梦，蝗虫也是人类与动物打交道的历史中遇到的最大烦恼之一。一个大的蝗虫群可以聚集起几十亿只蝗虫。不难想象，几十亿只蝗虫落在田野里，长得再好的庄稼顷刻间也会像被大火烧过一样，只剩下一片光秃秃的土地。幸好，在5000多种蝗虫中，只有9种蝗虫喜欢集群活动，否则，人类种再多的粮食也不够它们消耗。

蝗虫群飞行的距离与得到的食物数量有关。一个由500万只蝗虫组成的小群体，每天大约只飞行2000米就能填饱肚子。它们遮天蔽日地落到田里，把庄稼吃完了才会去寻找新的食源。大的蝗虫群每天则必须飞行20千米，因为它们需要更大面积的粮田。蝗虫群越大，飞行的距离也就越长。在离海岸2000多千米的公海上，有人曾经见到过蝗虫群乌云般地飞过，把太阳完全遮盖住，就像发生了日食。近代史上最大的蝗虫群约出现在100年前，当时大约有5000亿只蝗虫飞过红海。

为什么雌螳螂要吃夫?

　　动物之间经常会发生亲情残杀,互相吞食的现象。据统计,至少有138种动物存在这种亲情残杀:父母吃子女,子女吃父母,妻子嚼食丈夫,兄弟姊妹之间也互相残杀。人们对动物这种亲情残杀的现象,实在无法理解,但是这种亲情残杀对动物而言却是有利的,能够繁衍强壮的后代,控制群体数量。

　　螳螂是人们熟悉的昆虫。当公螳螂向母螳螂求欢时竟会付出生命代价。公螳螂在与母螳螂交配前,会万般小心地向母螳螂靠近,它爬爬停停,在花费了很大的力气后,鼓足勇气猛然按住母螳螂开始与它交配。正当公螳螂心醉神摇之时,母螳螂闪电般回过头来一口把公螳螂的头咬下来并吃进肚里。母螳螂为什么要杀害与之交欢的公螳螂呢? 这个问题一直使人们迷惑不解。

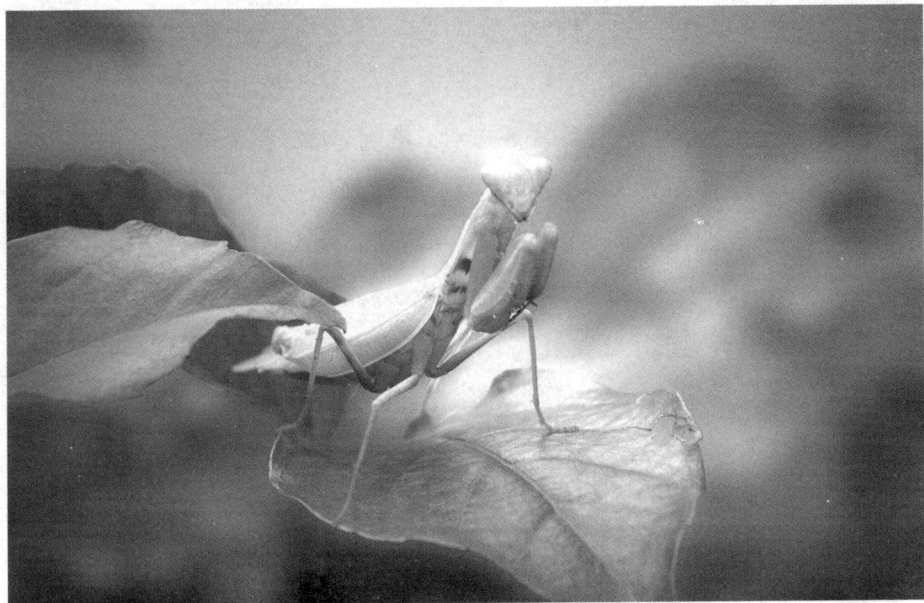

直到1990年，动物行为学家才解开了这个千古之谜：母螳螂并不是因恼怒公螳螂施暴而杀夫，而是为了刺激公螳螂生精并确保精液持续注入自己体内。原来，公螳螂的头部是神经系统的抑制中心，一旦公螳螂丢掉了脑袋，其神经系统也就随之失去了抑制机能，没有头的公螳螂躯体内的精液就会流入母螳螂体内，确保卵子受精。母螳螂一边进行交配，一边咬吃公螳螂，直到吃到公螳螂的腹部为止，这时，吃饱的母螳螂体内的卵子也充分受精了，就能够产下富含营养的卵子。

动物·小·知识

　　螳螂有保护色，有的有拟态，与其所处环境相似，借以捕食多种害虫。因为螳螂的身体外表颜色有绿、褐等之分，所以生长环境也不相同，绿色的螳螂大多生活在绿色树木植物上，捕食一些小昆虫之类的。无论哪种颜色都是它们的一种生存保护色。

　　但科学家也有一些新的发现。1984年，两名科学家里斯克和戴维斯虽然同样在实验室里观察大刀螳螂交尾，但是做了一些改进：他们事先把螳螂喂饱吃足，把灯光调暗，而且让螳螂自得其乐。人不在一边观看，而改用摄像机记录。结果出乎意料：在30场交配中，没有一场出现了吃夫。相反，他们首次记录了螳螂复杂的求偶仪式：雌雄双方翩翩起舞，整个过程短的10分钟，长的达2个小时。里斯克和戴维斯认为，人们之所以常常见到螳螂吃夫，主要原因之一就是失去"隐私"的螳螂没有举行求偶仪式的机会，而这个仪式能够消除雌螳螂的恶意，是雄螳螂成功交配所必需的。

　　此外，母螳螂吃夫还存在另一个原因。由于实验室喂养的螳螂经常处于饥饿状态，雌螳螂饥不择食，因此常常把丈夫当做美味。为了证实这一点，里斯克和戴维斯在1987年又进行了一系列实验。他们发现，那些处于极度饥饿状态（已被饿了5~11天）的雌螳螂一见雄螳螂就扑上去抓来吃，根本无心交媾。处于中度饥饿状态（饿了3~5天）的雌螳螂会进行交配，但在交配过程中或在交配之后，会试图吃掉配偶。而那些没有饿着肚子的雌螳螂则并不想吃配偶。由于可见雌螳螂吃夫的主要动机是因为肚子饿。但是在野外，雌螳螂并不是都能吃饱肚子的，因此，吃夫现象还是时有发生。

1992年，劳伦斯首次在葡萄牙对欧洲螳螂进行大规模的野外研究。经过观察，他发现约有31％的螳螂在交尾中发生了吃夫行为。野外的雌螳螂多数处于中度饥饿状态。吃掉雄螳螂，对螳螂后代的确有益。一项研究表明，那些吃掉了配偶的雌螳螂，其后代数目比没有吃掉配偶的要多20％。里斯克和戴维斯也承认，欧洲螳螂发生的吃夫现象远比其他螳螂普遍，是它们给螳螂带来恶名。但是，很显然，雄螳螂并不甘心被吃掉。

屎壳螂为什么喜欢滚粪球?

　　屎壳螂是一种食粪甲虫。每逢夏秋之季,人们经常可以在草地上看到屎壳螂滚粪球,它笨拙地把粪球滚得越来越大。

　　当屎壳螂把粪球滚到适当大小时,就会把它推到偏僻安静的地方,然后用头和足挖开粪球下面的土,使粪球下陷,再把四周的土翻松。这时,屎壳螂就会在粪球上产卵,产完卵后,它再松一些土盖着粪球,直到粪球与周围的地面齐平。这样,既不容易被敌人发现,卵孵出的幼虫又可以吃着粪球长大。

　　屎壳螂的这种挖洞埋粪行为，既可以疏松土壤，又能促进粪便的热化分解，增加土壤的肥力。人们曾利用屎壳螂的这种能力，拯救了澳大利亚大草原。18世纪末，第一批牛、羊等家畜被引进澳洲草原后，家畜大量的粪便严重影响着牧草的生长。为了解决这一难题，科学家提出用屎壳螂对粪便进行处理，这个建议被采用并实施成功后，草原很快恢复了原来的面貌。

蝴蝶只吸花蜜吗?

　　人们在公园游玩时，常会看到花丛中有一些五光十色的蝴蝶在翩翩飞舞，它们从一朵花上飞到另一朵花上，构成了一幅绚丽多姿的"蝶恋花"彩图。它们好像在与花儿比美，看了令人心旷神怡。

　　这些蝴蝶究竟在做什么呢，它们是在与花儿跳舞，还是在与花儿比美？其实蝴蝶是在探花吸蜜，补充并维持自己生命活动的能源。

　　蝴蝶在从蝶蛹中羽化出来后，雄蝶就四处翩飞，忙着寻找雌蝶交尾；雌蝶则忙着寻找合适的植物产卵，以繁衍后代。在这一段时间里，蝴蝶活动非常频繁，它们必须从大自然中摄取营养，维持生命，借以顺利地完成它们的一生。

　　人们通常以为蝴蝶是专门探花吸蜜的。其实，由于蝴蝶的种类不同，它们的摄食习性也大不相同。绝大多数的蝴蝶食性专一，有各自喜爱的食料。

动物小知识

　　蝴蝶翅膀上的鳞片不仅能使蝴蝶艳丽无比，还像是蝴蝶的一件雨衣。因为蝴蝶翅膀的鳞片里含有丰富的脂肪，能有效把蝴蝶保护起来，所以即使下小雨时，蝴蝶也能飞行。

　　有些蝴蝶喜欢吸食某些特定植物的花蜜。如蓝凤蝶嗜吸百合科植物的花蜜；而菜粉蝶则嗜吸十字花科植物的花蜜；豹蛱蝶则钟情于菊科植物的花蜜。

　　但是，有些蝴蝶并不探花吸蜜。例如，人们经常能看到发酵的无花果上

　　有好几种竹眼蝶在吸食汁液，而在栎树、杨树被蛀虫侵蛀的地方，则会发现几只淡紫蛱蝶正在贪婪地吮吸从蛀孔中渗流出来的酸浆。此外，华南双尾蛱蝶与赭色樟蛱蝶等则飞栖到粪坑旁吸食人粪尿；朴喙蝶和海南蓝灰蝶会吸食马粪汁；冬青小灰蝶则嗜吸牛粪液；白斑薯弄蝶和华北谷弄蝶尤其喜欢取食溪涧中巨石上的白色鸟粪；而麻斑蚜灰蝶则爱嗜吸竹蚜背管中溢出的分泌液。

　　1958年夏天，有人在西双版纳的丛林里，发现了几只热带蓝灰蝶正聚集在一块腐臭了的兽骨上吸食臭肉的汁液。这一偶然发现，为蝶类的食性又增添了一个新记录。

为什么蟑螂爬过的食物上有股难闻味?

蟑螂,又叫做蜚蠊,是一种狡猾的昆虫。蟑螂白天喜欢躲在阴暗隐蔽处,夜晚则在厨房、卧室、仓库等地方出没。如果人们不注意清洁卫生,蟑螂的数量就会越来越多。

蟑螂特别贪食,对食物几乎不进行任何选择,除了爱吃人类的食物外,蟑螂还喜欢吃垃圾和腐坏的脏东西。蟑螂接触过的食物,都会留下令人厌恶的气味,即所谓的蟑螂臭。产生这种臭味的主要原因,是由于它身体上有一种腺体,能分泌有臭味的油状液体。不仅蟑螂具有臭腺,其他昆虫,像臭虫的身体里也有臭腺。蟑螂和臭虫体上的臭腺对昆虫有什么用处,还不太清楚,不过有人认为也许是一种自卫武器,也就是说,当它们受到敌害的攻击时,借着这种臭味,会把敌害轻易赶走;也有人认为可能在它们繁殖时期,用来引诱异性用的。

动物·小·知识

蟑螂喜欢选择温暖、潮湿、食物丰富和多缝隙的场所栖居,这也是它们生存所需要的4个基本条件。凡是有人生活和居住的建筑物内,一般都具有这些条件,所以蟑螂就成了侵害千家万户卫生的害虫。

蟑螂不仅能在爬过或吃过的食物上留下臭味,在取食时,它还常常呕吐出部分食物,同时把粪便排泄在食物上,这容易使人患上细菌性痢疾、伤寒、霍乱等疾病。此外,它还常常损坏人们的衣服、皮毛物以及书籍等。所以,蟑螂是一种害虫。

为什么磕头虫会"磕头"？

　　叩甲科的昆虫一旦被人捉住，便会在你手上不停地磕头，所以人们给它起了个形象的名字——磕头虫。那么，磕头虫为什么会磕头呢？

　　难道它真还有什么特异的功能吗？要解开这个谜并不难，只要捉来一只磕头虫，认真地观察一番，看看它是怎样"磕头"的，就能真相大白。

　　原来，使磕头虫磕头的秘密是它的前胸腹有一个像合页似的机关。当磕头虫腹朝天、背朝地地躺在地面上时，它便将自己的头用力向后仰，拱起体背，在身下形成一个三角形的空区，然后猛然收缩体内的背纵肌，使前胸突

然伸直，这时候，它的背部就会猛烈撞击地面，在反作用力的作用下，磕头虫的身体就会被猛然弹向空中。

动物·小知识

磕头虫能跳起40多厘米的高度，创造跳过自身高度50多倍的惊人记录，可是它却只有3对又短又小的胸足。这短小的胸足和其他善跳昆虫的强健后足比起来，实在是小得可怜。

有趣的是，磕头虫的"磕头"姿势还很优美。当它腹部朝天弹向空中时，它便乘机在空中做个"前滚翻"，将身体翻转过来，等到落地时，它就能稳稳地站立在地面上了。

当它被人捏住时，仍会产生跳高时的同样反应，但由于被捉住无法弹跳起来往前翻，只好不停地头向下"磕"，碰到硬物就变成"磕响头"了。

独角仙为什么爱打架？

　　独角仙在某些地方是一种常见的大型甲壳虫，它有着雄壮有力的独角，因其角的顶端分叉，在中国命名为双叉犀金龟，俗称独角仙。独角仙为益虫，但也可能变成害虫。适当数量的独角仙不会造成森林的破坏；而数量过多的话，成虫会对树木造成严重的侵害。

　　独角仙的幼虫大多栖息在树木的朽心、锯末木屑堆、肥料堆和垃圾堆乃

至草房的屋顶间，它们以朽木、腐烂植物质为食，对作物和林木危害较小。独角仙幼虫期需要经过2次脱皮，历3龄，成熟幼虫体躯很大，乳白色，约有鸡蛋大小，通常弯曲呈"C"形。老熟幼虫在土中化蛹。

在南方的树林里，常见到独角仙的踪迹。白天，它躲在树干上或泥土缝里，晚上才出来活动，它们专吃树木、其他昆虫的幼虫和植物的茎。

动物·小·知识

独角仙是世界上最强壮的动物，虽然它仅是一种小型昆虫，却能够搬动相当于自己体重850倍的物体。

为了对付敌害，争夺食物或配偶，独角仙常常大打出手。雄独角仙争斗时，会用角较大的一方，插到对手的腹部下方撑起，把对方弄翻。或者利用角和前额的突起物把对方夹住，有时甚至把对方的前肢弄破。在争夺配偶时，雄独角仙之间往往展开激烈的战斗，获胜者把对方赶走，迎娶"新娘"。独角仙特别喜欢吸食甜树汁，常常为了抢食树汁而争斗，胜利者可以饱饮一顿，失败者只好灰溜溜地走开。

头顶像犀牛角一样的角是独角仙得心应手的武器。然而，并非所有的独角仙都长角，长角的只是雄性独角仙，雌性独角仙不长角。雄性独角仙长得个头较大，再加上头顶上的角，显得就更大了。

为什么蝉要唱歌？

在炎热的夏季，我们常常能够听到蝉在树上发出嘹亮的歌声，开始时是沉闷的"咚咚"声，而后逐渐变成欢快的"歌唱"，震耳欲聋。天气越闷热，蝉叫得越欢，叫的时间越长。但凉风一吹，它们就默不作声了。蝉为什么要唱歌呢？这是因为雄蝉要吸引雌蝉，举行"婚礼"，所以才会大声"唱歌"。当雄蝉和雌蝉完成延续种族的任务后，就会双双死去。

动物·小·知识

每当蝉口渴、饥饿之际，总会用自己坚硬的口器——一根细长的硬管，把嘴插入树干一天到晚地吮吸汁液，把大量的营养与水分吸入自己的身体中，用来延长自己的寿命。

蝉的"歌声"并不是用嘴发出来的。实际上，蝉是昆虫中出色的鼓手。在它们的腹部两侧，各有一片富有弹性的薄膜，好像鼓膜一样，里面还有天然的"扩音器"。蝉在高声唱歌时，不是用锤敲，而是用肌肉扯动"鼓膜"发出颤音，颤音通过"扩音器"后，就变得十分响亮了。

蝉的寿命较长，但一生差不多都是在地下度过的。蝉的幼虫一般要在地下生活2~6年，然后在阳光下歌唱1个月就会死去。蝉的幼虫孵化后，就钻进地下。成千上万的幼蝉住在地下，从树根上吸取汁液，过着暗无天日的生活。经过5次蜕皮，它们才钻出地面，爬到树上，变成能歌唱的蝉。

为什么说白蚁是建筑大师?

虽然白蚁和蚂蚁有着相近的外表和名字,但它们并没有亲缘关系。蚂蚁属于膜翅目,与蜜蜂亲缘相近,要通过蛹期才能变成成虫。白蚁属于等翅目,与蟑螂亲缘相近,幼蚁经过几次蜕皮变为成虫,没有蛹期。而且,白蚁多为乳白色或灰白色,而蚂蚁多数为黄色、褐色、黑色或橘红色。

白蚁是一种世界性害虫,它们喜欢吃水质纤维。啃食木头的习性让它们成为房屋建筑、铁路桥梁、河岸、堤坝等的破坏者。此外,它们也会对农作物和园林树木等造成危害。由于白蚁的活动通常很隐蔽,所以它们造成的大都是突发性的灾害。

目前,世界上有2500多种白蚁,它是一类较古老的类群,已有1.3亿年的历史。白蚁分布在赤道两侧,身体软弱,喜欢群体生活,并有复杂的组织分工。按生活习性可分两类:一是木栖性白蚁,它们是木材制品的大害虫,对建筑物和交通安全威胁很大;二是土栖白蚁,它们在地面下土中筑巢,或巢高出地面成塔状,称为蚁冢,以树木、树叶和菌类等为食。

动物小·知识

白蚁过着营巢居的群体生活,群体内有不同的品级分化和复杂的组织分工,各品级分工明确又紧密联系,相互依赖、相互制约。白蚁的群体中有繁殖型个体和非繁殖型个体。

白蚁为自己修筑的城堡在动物界都堪称一绝,可以说它是动物界的"建筑大师"。其城堡的建筑工程复杂而又坚固。非洲和大洋洲的白蚁巢是高耸于地上的蚁塔，有圆锥、圆柱、金字塔等形状，一般高3~5米，最高的可达7米以上，占地100多平方米。蚁塔外层是工蚁用土石粒、动物粪便和唾液粘连的保护层，厚50厘米，像石头一样坚固，能经受风雨侵袭而安然无恙。

这样的城堡能够挺立100年之久。不但如此，房子还有非常棒的内部结构：空调、带顶的过道和花园，没有窗户，因为白蚁天生是瞎子。有的食菌类白蚁还在巢内建几个至几十个菌圃，培养菌类以供食用。

当人们挖开白蚁的蚁穴时，会发现在它们修筑的"王宫"旁边会有柴草，有木头、青草、树叶、纸屑，甚至是食草动物的粪便。其实这是白蚁的粮仓。这些东西看上去没有什么营养，但是在肠道微生物的帮助下，却成为白蚁维系生存的主要物资。家族中的工蚁不仅要负责收集这些食物，还要先把这些食物吃进去进行初步消化，再反哺给兵蚁和繁殖蚁。

自然界的万物都有它的克星。非洲的食蚁兽以及穿山甲就是白蚁的克星。一只穿山甲1天能够吞食10万只白蚁，每年能够使百亩以上的森林免受白蚁的危害，素有"森林卫士"的美誉。

水黾为什么在水上滑行自如?

水黾不同于一般的昆虫,它不在陆地上生活,却一直在水面上漂浮。水黾的滑水动作非常轻捷灵敏,它可以在水面蹦蹦跳跳,追逐嬉戏,却身不沾水,更不会沉入水里。

水黾为什么能在水面上自如地活动呢?原来,水黾的身体很轻,肢体细长,腹部长有一层短短密密的细毛。这些毛像涂过油似的不会被水浸湿,水黾细长的中后足能向身体两侧外伸,外伸的结果增大了与水面的接触面积,减少了单位面积水面所承受的重量,在水面上形成一个凹糟,这凹糟就像是滑道一样,能使水黾在水面上自由地滑行。水黾的6条腿上也长着一排排不沾水又能自由折叠、散开的细毛。脚的胫节还有专门梳理毛的功能。水黾经常梳理体毛,使毛不至于被水溅湿。

还有一些水黾不但能在平静的河流中漂浮,还能在急流、旋涡或浪尖上穿行。在穿越急流险滩时,它们甚至能高高跳起,一跳就是数米远,这样的奇观真是令人惊叹。

为什么说蜉蝣朝生暮死?

　　蜉蝣的生命非常短暂,蜉蝣成虫的寿命最短的只有几个小时,而最长寿的也不会超过一个星期。由于蜉蝣没有反抗能力,天敌极多,为了繁衍后代,蜉蝣采取了以多取胜的方法。蜉蝣幼期(稚虫)大多是在淡水湖或溪流中生活。春夏两季,从午后至傍晚,常有成群的雄虫进行"婚飞",雌虫独自飞入群中与雄虫配对,把卵产在水中。蜉蝣的卵呈椭圆形,特别微小,有各种颜色,表面有络纹,黏糊糊的,可附着在水底的碎片上。稚虫期数月至一年或一年以上,蜕皮20~24次,多者可达40次。

　　成熟稚虫可见1~2对变黑的翅芽。两侧或背面有成对的气管鳃,是蜉蝣水中生活的呼吸器官。吃高等水生植物和藻类,有些种类秋、冬两季以水底碎屑为食。常在静水中攀援、匍匐,或在急流中吸附于石砾下栖息,或在底泥中潜掘。稚虫充分成长后,或浮升到水面,或爬到水边石块或植物茎上,日落后羽化为亚成虫。亚成虫与成虫相似,已具有发达的翅,但体翅不透明,色暗淡,后缘有明显的缘毛,雄性的抱握器弯曲不大。出水后停留在水域附近的植物上。一般经24小时左右蜕皮为成虫。这种在个体发育中出现成虫体态后继续蜕皮的现象,在有翅昆虫中为蜉蝣目所独有。这种变态类型特称为原变态。成虫的寿命极短,不会进食,一般只活几小时至数天,所以有"朝生暮死"的说法。

枯叶蝶是怎样模仿树叶的?

　　枯叶蝶是一种善于模仿枯叶的蝴蝶。当它停留在树枝上时,一双翅膀就像叶子的形态和颜色,不过这"叶子"呈枯黄褐色,所以敌害不容易发现它,只有在它起飞的时候,才知道它是蝴蝶,这就是枯叶蝶的拟态。

　　枯叶蝶通常生活在树木茂盛的山岳地带,常在悬崖峭壁下葱郁的混交林间活动。雄蝶在活动时,常常会到伸出溪涧流水上空2米多高的阔叶树叶上栖息,等候雌蝶飞过而追逐交尾。如果遇到敌害,它就会立即飞入丛林,停栖在藤蔓或树木枝干上。枯叶蝶飞翔的速度很快,行动敏捷,当它隐匿在树叶间时,敌害是很难发现它的。枯叶蝶栖息时,一般是头部向下,尾部朝天,常栖息在没有树叶的粗干上。

　　生活在峨眉山的蝴蝶中,以拟态逼真的枯叶蝶最为著名。峨眉山的枯叶蝶属于中华枯叶蝶,其体色艳丽,姿态优美,飞舞时常露出翅膀的背面,其色彩可与凤蝶媲美。枯叶蝶翅膀的背面大都为绒缎般的墨蓝色,闪动着耀眼的光泽。它们的前后翅点缀着白色的小斑点,前后翅的外缘均镶嵌着深褐色的波状花边。其双翅合并后酷似一片枯叶。

第四章

揭秘两栖爬行动物

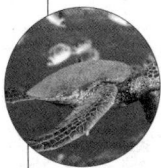

两栖爬行动物拥有极强的适应能力，它们的世界非常奇妙。人们对两栖动物充满了好奇。如鳄鱼是如何生活的，它的生活习性和特征是什么，海龟为什么要把自己埋在泥中，它们身上又有哪些稀奇古怪的秘密呢？两栖爬行动物是第一批登陆的脊椎动物，有着漫长的发展历史，但是关于它们的起源和演化，人们至今尚不十分清楚。

海龟为什么埋自己?

在动物的传说中，有不少海龟救人的传奇故事，海龟是我们人类的好朋友。海洋生物学家们对它们的生活习性进行过很多研究，但一直没揭开海龟的自埋行为这个谜团。

人们在美国佛罗里达州东海岸的加纳维拉尔海峡，发现海龟把自己整个身体都深深地埋在淤泥里。当时，人们还以为那是个海龟壳。等到扒开淤泥挖出来才发现，原来那是一只活海龟。

这个奇闻一传开，很多潜水员都觉得新鲜。因为在他们的潜水生涯中，从来就没有听说过，更没有见过这种海龟自埋的怪事。

　　究竟是什么原因使海龟把自己活埋在淤泥里呢？这是海龟在冬眠还是它们在清除寄生在体上的藤壶，亦或是它们在冰凉的海水中自我取暖的一种方法？为了探索海龟自埋之谜，海洋生物学家们到实地进行了观察和研究。

　　有的科学家发现，在一些个子较大的雄海龟身上，寄生着许多藤壶。藤壶是一种小型的甲壳动物，体外有6片壳板。在壳口，有4片小壳板组成的盖，常常固着在海滨岩石、船底、软体动物以及其他大型甲壳动物身上。藤壶寄生在海龟身上，既影响海龟游泳，又会使海龟感到难受。所以，这些科学家认为，海龟是为了摆脱藤壶的纠缠才钻进淤泥里去的。

　　但是这种看法很快被否定了。有的科学家亲眼看到，海龟在自埋时，只是把脑袋扎到淤泥里，尾巴朝上。寄生在它们头上的藤壶，会因为陷入淤泥，缺氧而死。但是它们身体中部和尾巴上的藤壶，却仍然还活着。

　　此外，一些身上没有藤壶的大个儿雄海龟，在海底也存在这种自埋习性。所以，认为海龟是为了清除藤壶而自埋的说法，就站不住脚了。

　　那么，海龟究竟为什么要自埋呢？这种现象是偶然出现的，还是经常发生的？相信不久的将来，人们一定会解开这个谜团。

乌龟真的可以万年长寿吗？

乌龟也许是世界上最长寿的动物。科学家认为这与它们性情懒惰、行动缓慢、新陈代谢水平低有着密切关系。乌龟的心脏机能很特别，从活的龟体内取出的心脏有的竟然可以连续跳动两天。

另外，乌龟长寿还与它们的生理机能密切相关。乌龟的四肢和头部的骨头很软，当乌龟紧张或遇到危险时，它的头和四肢就会缩到坚硬的壳里，以保护自己。同时，乌龟身上有很好的保护色，能够避免自己受到敌害的侵袭。这也是它长寿的原因之一。

动物学家和养龟专家经过观察和研究，发现以植物为食的龟类的寿命，一般要比吃肉和杂食的龟类的寿命长。乌龟的长寿与它的呼吸方式也有很大

的关系。乌龟没有肋间肌，呼吸时，必须使口腔下方一上一下地运动，才能将空气吸入口腔，并压送至肺部。在呼吸的同时，头、足一伸一缩，肺也就一张一吸。这种特殊的呼吸动作，也是乌龟得以长寿的原因。

动物·小·知识

乌龟是杂食性动物，以动物性的昆虫、蠕虫、小鱼、虾、螺、植物嫩叶、浮萍、瓜皮、麦粒、稻谷、杂草种子等为食。另外，乌龟的耐饥饿能力很强，即使数月不食也不致饿死。

在我国的传统文化中，乌龟是长寿的象征。但是，乌龟真能像人们说的那样活上千年、上万年吗？事实并非如此，世界上寿命最长的龟也只有300岁左右。

癞蛤蟆身上为什么长疙瘩？

　　癞蛤蟆又叫蟾蜍，它昼伏夜出，行动迟缓，性情温和，是青蛙的近亲。癞蛤蟆长有又宽又大的嘴巴，善于捕捉害虫。但由于它外形丑陋，而且身上长着许多疙瘩，所以并不受人们的喜爱。但是，人们不应该歧视癞蛤蟆，它丑陋的外表能够保护它自身的安全。当它趴在地上时，它皮肤的颜色与泥土的颜色很相近，这样就可以使它避免被敌害发现。

　　癞蛤蟆身上的疙瘩能够分泌出黏液，对皮肤起到保湿的作用；有的疙瘩还能分泌乳白色的有毒浆液，这是它攻击敌害的武器。在癞蛤蟆的耳后有一个腺体，可以分泌蟾酥，蟾酥可加工成中药，具有止血、镇痛、强心、解毒的功效。

动物·小·知识

　　蟾蜍白天多潜伏在草丛和农作物间，或在住宅四周及旱地的石块下、土洞中，黄昏时常在路旁、草地上爬行觅食。多行动缓慢笨拙，不善游泳，多数时间作匍匐爬行，但在有危险的时候也会小步短距离小跳。

　　虽然癞蛤蟆长得很难看，但它对人类有着极大的帮助，它曾经是热带作物的救命恩人。19世纪，人们把体长达15厘米的大蟾蜍运到遭到虫灾的西印度群岛，害虫被大蟾蜍全部消灭了。后来，这种大蟾蜍还被运到夏威夷、菲律宾、新几内亚、澳大利亚等热带农作物生长地区，继续消灭害虫。

蛇毒到底有多厉害？

公元前31年，埃及托勒密王朝的最后一位女王克娄巴特拉被罗马执政官屋大维活捉，并准备将其带回罗马，在举行凯旋仪式时示众。克娄巴特拉得知后绝望万分，她通过自己的心腹侍女，设法找来了一种名叫"阿斯普"的小毒蛇，放在胸口，结束了浪漫而传奇的一生。那么，毒蛇身上的毒从何而来？蛇毒为什么能置人于死地？

一般来说，毒蛇体内的毒液是经由毒牙来施放的。毒牙是毒蛇的致命武器，按其在上颚的生长位置，可以分为前毒牙和后毒牙。毒牙是一条空心的

管道，其后端和毒囊相连接。当毒蛇感觉到攻击对象就在近前时，就直接咬向对方并注入毒液；如果离攻击对象较远无法接触，它们就会施展出看家本领——喷毒。喷毒时，毒蛇会猛挤头部两侧的肌肉，压迫毒囊，使毒液成一条直线向对方喷射。

那么，蛇毒又来自何处呢？研究人员发现，蛇毒主要由神经毒素、血液毒素和降解酶等构成。毒蛇在制造蛇毒的过程中，"使用"了比较普通的蛋白质，并把它们转化成了致命的毒液。澳大利亚墨尔本大学的一位教师认为，当生物的基因组中有一个基因被加倍复制之后，生物就能进化出新的蛋白质，一个基因保持了原有功能，而另一个基因变异成了一个新的基因——毒素基因。

一般来说，毒蛇的毒素有两种：一种是神经毒素；一种是血液毒素。神经毒素主要作用于外周神经，阻断神经与肌肉间的传递，从而引起呼吸肌麻痹，因呼吸困难导致缺氧、二氧化碳滞留、酸中毒，继而使呼吸中枢受抑制。血液毒素则直接损害心肌，导致心脏功能不全。还有可能促使毛细血管扩张，通透性增加，导致局部（被蛇咬伤的部位）高度肿胀，引起血压下降，出现休克，最终导致死亡。

虽然蛇毒听起来令人不寒而栗，但它的很多成分都具有很强的药理作用，对人类是有益的。自古就有人使用蛇毒做镇痛药，现代临床学上将蛇毒精制成一种促进凝血的药，用于防止内出血；还有人将其用于防治血栓病。目前，有些专家主张用蛇毒来治疗风湿性关节炎或攻克癌症等，不过这些应用尚待科学研究证实。相信不久的将来，随着更多研究蛇毒的成果出现，蛇毒在临床医学的应用也会更多。

为什么蜥蜴的尾巴会再生?

如果一只蜥蜴被咬去了一截尾巴,这对蜥蜴来说,简直是小事一桩。因为过不了多久,蜥蜴就会有一条新的尾巴从断尾处长出来。但这条新尾巴会比原尾巴稍小一些,且花纹也会有点不同。

只要我们留意身边的动物世界,就不难发现有许多动物具有不同程度的再生本领,蜥蜴便是这类动物中的一员。为什么这些动物会有如此非同寻常的再生本领呢?

原来,这都是细胞耍的小把戏。细胞在动物体内的功能各不相同,它们分管着不同的工作。然而,动物体内的这些细胞不只是做某一项单一的工作,有一类细胞是"多面手",能根据身体的需要进行变化。如断了尾巴的蜥蜴,"多面手"细胞会纷纷来到受伤部位,形成一种胚轴原的物质,胚轴原的细胞发生变化,有的变成骨细胞,有的变成肌肉细胞,有的变成皮细胞。大家齐心协力地工作,最后造出了一条全新的尾巴来。

动物·小·知识

蜥蜴俗称"四足蛇",有人叫它"蛇舅母",是一种常见的爬行动物。蜥蜴与蛇有密切的亲缘关系,因此二者有许多相似的地方。

那又是谁在指挥制造新尾巴的工作呢?指挥者是暗藏于细胞之中的基因(生物体的遗传物质)。但基因的指挥者并非永远是万无一失的,它有时会发生突变,发出错误的指令,结果细胞们就多造了一条尾巴出来。这一错误对蜥蜴来讲可能是致命的。身后拖着一条分叉的尾巴,行动起来极不方便,如果尾巴被卡在某个地方动弹不得,就很容易成为别的动物的口中食。

响尾蛇如何捕食？

夜晚时分，在加拿大的某个荒漠上，一只小田鼠正探头探脑地从洞口向外张望，看来好像没有什么危险，于是它后腿一蹬，跳到了洞外。突然，一道黄色的"闪光"袭来，小田鼠还没弄明白是怎么回事，就成了别人的美餐。原来，这道"闪光"竟然是一条杯口粗的响尾蛇。其实，响尾蛇的视力非常差，再加上夜晚漆黑一片，它几乎就是个瞎子。那么，响尾蛇是如何发现猎物并且准确地发动攻击的呢？

有个探险家曾经发现，如果把一块烧热的鹅卵石放在一条响尾蛇的附近，它同样会立即扑咬上去。原来，具有一定热度的物体都会散发出肉眼看不见

的红外线。小田鼠是恒温动物，体温比周围环境高。在响尾蛇的眼里，黑夜中的小田鼠虽然轮廓模糊，但简直就像一团火焰那么醒目。要抓住它，当然不费吹灰之力了。

动物·小·知识

响尾蛇奇毒无比，足以将被咬噬之人置于死地，死后的响尾蛇也一样危险。有研究指出，响尾蛇即使在死后1小时内，仍可以弹起施袭。

响尾蛇的"热眼"长在眼睛和鼻孔之间一个叫做颊窝的地方。颊窝呈喇叭状，喇叭口斜向朝前，中间被一层薄膜分成内、外两个部分。内侧的部分有一个细管与外界相通，所以温度和周围环境的温度是一样的。外侧的部分是一个热收集器，喇叭口所对的方向如果有发热的物体，红外线就会经过这里照射进来。如此一来，外侧的温度就比内侧的高，薄膜上遍布的神经末梢就能感觉到，并且将信息传递给大脑。大脑接收到信息后，响尾蛇就会发动攻击。面对热源，响尾蛇的攻击百发百中，万无一失。

壁虎为什么能在玻璃上爬行?

壁虎又叫蝎虎子,是一种夜行性动物。它白天躲在角落里睡觉,夜晚出来觅食,以捕食蚊、蝇、蛾子等小昆虫为生。一只壁虎一个晚上能吃掉许多害虫。因此,它是对人类有益的动物。

在一些古建筑物和古树上,人们经常会发现自由爬行的壁虎。不过,壁虎并不会对建筑物造成什么损害。

有很多动物都会爬树,它们大多是靠锐利的爪子来活动。如雨蛙、树蛙爬树,是靠前指、后趾尖吸盘里的分泌物增加和树之间的粘合力。但壁虎在爬行活动时与这些动物却不完全相同。它靠前肢和后肢的指和趾可以在光滑的墙壁和玻璃上爬行。这些指和趾上面,都长有皱褶状的瓣膜,形成一条条深沟,可以增加指和趾与光滑的攀爬面之间的摩擦力,同时瓣膜还具有较强的吸附作用,这些瓣膜能够吸附住身体。这也是壁虎能够自由爬行的原因。

动物小知识

壁虎的其他生理特征与蜥蜴类似,但是有一点不同,两耳之间什么也没有。我们可以从壁虎的一只耳眼看进去,直接通过另一只耳眼看到外面。

鳄鱼为什么会流泪？

　　我们常常用"鳄鱼的眼泪"来形容假慈悲、假怜悯，为什么呢？人们发现鳄鱼在进食时会流眼泪，但这可不是因为鳄鱼多愁善感，而是由于鳄鱼身上没有汗腺，无法通过出汗来排除身体里多余盐分，只有通过眼睛附近的盐腺来排除了。所以说，鳄鱼在吃东西的时候流眼泪并不是因为它们懂感情、懂怜悯，而是在"出汗"。

　　鳄鱼的眼睛在水里是不折不扣的"远视眼"，只能看见远处的东西，对近处的看得很模糊，所以鳄鱼常常潜伏在远处的水底猎杀食物。但是在岸上，鳄鱼却是名副其实的"千里眼"，这是因为光线在水里和空气里的折射率不同而造成的。所以，我们不仅要当心水里潜伏的鳄鱼，还要小心陆地上的鳄鱼。

动物·小·知识

在人们的心目中，鳄鱼就是"恶鱼"。一提到鳄鱼，人们立刻会想到血盆大口、密布的尖利牙齿、全身坚硬的盔甲、时刻准备吃人的神态。另外，它的视觉、听觉都很敏锐，鳄鱼的外貌虽然丑陋，但是动作却十分灵活。

鳄鱼的祖先是和恐龙生活在一起的，在地球上已经居住了2亿多年，而从那时起直到现在，鳄鱼这种古代爬行动物就几乎没有发生过什么变化，它们是世界上最古老的居民之一。

青蛙是怎样捉害虫的?

　　青蛙喜欢生活在潮湿的地方,因为那里害虫最多。青蛙的舌头前端是固定的,后端能自由翻转。当昆虫在青蛙身边活动时,青蛙就会迅速跳起来,把舌头翻出来。依靠舌头上分泌出来的黏液,粘住虫子,然后,舌头返回口腔,把食物吞入口中。如果昆虫正飞向它时,它会静止不动,等昆虫飞近时,再翻出舌头把虫子吃掉。

　　但是,如果青蛙旁边躺着一只死虫子,青蛙却不会去吃的,这是为什么呢?人们经过观察,发现青蛙的眼球不具有调节功能。虽然青蛙对活的东西很敏感,但却对不动的物体却视而不见。

　　青蛙是捕捉害虫的高手,是绿色田园的卫士。它每天捕食大量的蚊子、苍蝇和危害农作物的金花虫、螟虫、蝼蛄等。据统计,每只青蛙一年可以消灭1万多只害虫。所以,我们要保护青蛙,把它当成我们的好朋友。

扬子鳄是怎样捕食的?

曾经有人认为,扬子鳄就是鳄鱼,是鱼一类的水生动物。其实这种看法是极其错误的。扬子鳄没有鳃,也不是水生动物,只是扬子鳄适应了水中的生活而已,因而扬子鳄具有水陆两栖的本领。这样,扬子鳄就扩大了生活的领域,使它们在生存斗争中成为优胜者。

动物小·知识

扬子鳄生活在淡水里,喜欢栖息在湖泊、沼泽的滩地或丘陵山涧长满乱草蓬蒿的潮湿地带。它具有高超的挖洞打穴的本领,头、尾和锐利的趾爪都是它的打洞打穴工具。扬子鳄的洞穴常有几个洞口,就好像一座地下迷宫。

扬子鳄如果在陆地上爬行时遭遇敌害或在猎捕食物时,它就用自己那巨大的尾巴猛烈横扫。令人遗憾的是,扬子鳄的牙齿虽然尖锐锋利,可却是槽生齿,这种牙齿不利于撕咬和咀嚼食物,只能像钳子一样把食物"夹住",然后囫囵吞下去。所以当扬子鳄捕到较大的陆生动物时,不能把它们咬死,而是把它们拖入水中淹死;当扬子鳄捕捉到较大的水生动物时,又会把它们抛上陆地,使猎物因缺氧而死。当遇到大块食物不能吞咽的时候,扬子鳄往往用大嘴"夹"着食物在石头或树干上猛烈摔打,直到把其摔软或摔碎后再张口吞下;如还不行,它干脆把猎物丢在一旁,任其自然腐烂,直到烂到可以吞食为止。扬子鳄还长有一个特殊的胃,它的胃里有很多胃酸并且酸度很高,因此它的消化功能出奇得好。

科摩多龙是恐龙吗？

科摩多龙实际上是一种大蜥蜴，又被称为科摩多巨蜥。其体长可达2~4米，重100~150千克。它的外形有些像鳄鱼，是目前世界上现存的最大的蜥蜴类动物。

关于科摩多龙还有一个奇妙的传说。1910年，有两个荷兰人在印度尼西亚的科摩多岛上看到一个土人正在同一只动物进行殊死搏斗。那只动物长2米，外形很像恐龙。他们一时也叫不出那只动物的名字。

土人与那只动物经过一阵紧张、惊险的厮杀之后，大获全胜。旁观的两个荷兰人看得目瞪口呆，他们简直不能相信自己的眼睛。于是，他们从土人手中买下了那只怪兽的尸体，乘船返回了他们负责管辖的岛屿。消息很快传

开了，科学家们为之震惊。一时间，专家、学者们纷纷到科摩多岛进行考察、研究。

那只怪兽被岛上居民称为"科摩多龙"。有关专家经过研究，证明它其实就是一种大蜥蜴。

动物小·知识

科摩多龙是冷血杀手，也是忠实的食肉动物，位于所处区域食物链的顶端。虽然它们不会吐出火焰，但是它们依旧被认为是科摩多的龙。

科摩多龙虽不是恐龙，但与恐龙有亲缘关系，许多生活习性与恐龙相似。科摩多龙以野猪和鹿为食，体重达450千克的水牛它也敢吃掉，有时，科摩多龙还会把人作为猎捕对象。科摩多龙在捕猎动物时，常常会采用守株待兔或逼近突袭的战术。先抓住猎物，接着咬断猎物后腿的筋腱，使猎物瘫倒在地，然后撕咬猎物的腹部。有时它也会用钢鞭似的大尾，以迅雷不及掩耳之势将猎物扫倒，再猛扑上去，一口咬断猎物的脖子，然后慢慢享受。

科摩多龙进食时常常生吞活咽，它能把整只小鹿像吃肉丸子一样一口吞下。如果捕到较大的猎物，它就先把猎物撕成小块，然后再吞食掉。

科摩多岛有着得天独厚的生活环境。岛上林茂草密，溪涧纵横，潮湿闷热。其气候及自然环境与中生代极其相似。科摩多龙之所以能繁衍并称霸至今，与它栖息的这种环境是分不开的。

石蛙为何要聚会?

　　每年冬春时节，在我国南岳衡山广济寺的冰雪世界里，都会出现奇特的万蛙聚会的场面。广济寺位于衡山祝融峰下，群峰环绕，古木茂盛。一年一度的万蛙聚会就在寺前的水田中上演。立春前后，成千上万的石蛙纷至沓来，有褐色的、黄色的，也有棕色的、黑色的；有的大如碗口，有的则小似花生。起初，这些石蛙或成团嬉戏，相互取乐；或首尾相咬，围成圆圈；或前呼后拥，摆成长龙。然后蛙骑蛙，层层堆叠，堆叠成的形状酷似宝塔，或大或小，或高或低，最高可达1米。石蛙在聚会时会产卵，其卵如黄豆般大小，密密麻麻、弯弯曲曲地排列成一条条长线，像蜘蛛网一样布满水田。石蛙聚会多则半月，少则数日。然后，石蛙就会在一夜之间突然散去，留下满田的蛙卵。

动物小·知识

　　石蛙的活动强弱与外界的环境条件有密切的关系，水温、水流等变化对其影响尤为明显。石蛙的适宜水温为15~25℃，活动正常；水温过低，活动较少，生长停滞，进行冬眠；水温过高则出现异常，甚至死亡。

　　冬春时节的高山田野里为什么会出现这种蛙会奇观呢？那么多石蛙为什么会在一夜之间全都散去？这些都是尚待揭开的谜团。

世上真的有双头蛇吗?

有关双头蛇的传说已经有1000多年的历史了,我国古书中对双头蛇也多有记载。不久前,一位学者在北非亲眼见到了一条双头蛇。

他是在热带丛林中一个偏僻的村寨中见到双头蛇的。这条双头蛇是当地土著人崇拜的护身符,整个村寨的人们都精心喂养和照料它。这条双头蛇很像响尾蛇,而身体的大小又像蟒蛇,有剧毒,主要靠猎食各种小动物为生。

动物·小·知识

双头蛇的两个头如果想向两个相反的方向行走的话,在两个头分岔之处的蛇皮(这里的蛇皮很脆弱的)就会裂开,导致双头蛇死亡。

为什么会出现双头蛇呢? 有人认为,双头蛇实际上是蛇在染色体复制或配对过程中产生了突变而出现的蛇的变异种。但是,据生物学家们分析,因为身体结构不同于正常同类,这种蛇多数只能存活1~2周。可这位学者所见的这条双头蛇既然被当地土著人作为护身符一样来崇拜,受到精心喂养和照料,其寿命肯定远远超过1~2周。这又是怎么回事呢?

关于双头蛇的这些谜团,科学家至今还没有找到满意的答案。

为什么冬蛇会集体自杀?

1975年冬季，在我国东北海城地区发生了一场大地震。在那次地震前，出现了一个奇怪的现象，成群的蛇集体自杀了。

冬蛇为什么会在地震前夕集体自杀呢？经过科学家们的研究，他们认为冬蛇自杀的原因在于地震。

在地震前夕，地壳深处构造变动会发出声音，虽然声音很细小，人完全听不见，但是因为蛇的感觉很灵敏，所以，它能感觉到地壳爆裂的声音，以为大祸临头，于是纷纷爬出洞来，而被严寒所冻死。

除了以上原因之外，蛇集体自杀还与其自身的特点有关。因为蛇是冷血动物，其体温会随外界环境温度的变化而改变，在大气温度变为10~13℃时，蛇的生理机能会减弱；当气温降至10℃以下时，就要进入冬眠状态；当气温降至0℃时就会被冻死。在地震前，地壳深处地质结构变动，岩石发生爆裂位移，岩石之间互相摩擦，从而产生大量的热，使地温升高。当蛇洞中温度升至10℃以上时，蛇就会从冬眠状态中苏醒过来，而以为春天到了，于是纷纷出洞觅食，结果被严寒冻死。

这就是冬蛇集体自杀的缘故。

箭毒蛙有多毒？

　　许多两栖动物的身上都带有毒素，它们能够通过皮肤散发或分泌出毒液。但是，极少有像拉丁美洲箭毒蛙的毒液那样致命的。世世代代以来，亚马逊雨林中的土著人一直将箭毒蛙身上的毒液涂在捕猎用的弓箭上，然后用它去捕杀猎物。

　　箭毒蛙是一种个体很小的蛙类，它的整个身躯不超过5厘米，也就是说只有人的两根手指那么大，可是它背上藏着的毒液，却足以使任何动物瞬间毙命。箭毒蛙的皮肤内有许多腺体，它分泌出的剧毒黏液，既可润滑皮肤，

又能保护自己。箭毒蛙的毒性在一切蛙毒之上。取其毒液一克的十万分之一即可毒死一个人；五百万分之一可毒死一只老鼠。任何动物只要舌头粘上一点儿它的毒液，就会立刻中毒死亡。

箭毒蛙身上那些漂亮的色彩可不是用来欣赏的，那是在告诫其他动物：离我远点儿，不然有你好受的！

动物·小知识

箭毒蛙家族中兰宝石箭毒蛙具有非常高的毒性，它们绚丽的体色使潜在的掠食者远远避开。它们的足部没有蹼边，不能在水中游动，因此不会出现在水生环境中。

别说，这种警告还真管用。许多动物对这些小家伙很害怕，见了它们都要绕道避开。

箭毒蛙的剧毒物质为什么有如此强的毒性，让所有动物都感到害怕呢？生物学家们经过反复实验，终于发现，箭毒蛙的毒液能够破坏神经系统，阻碍动物体内神经的正常传递，使神经细胞膜成为神经脉冲的不良导体，如此一来，神经中枢发出的指令，就不能正常到达组织器官，最终导致心脏停止跳动。不过，箭毒蛙的毒液只能通过血液起作用，如果不把皮肤划破，毒液至多只能引起皮疹，而不会致人死命。聪明的印第安人懂得这个道理，他们在捕捉箭毒蛙时，总是用树叶把手包卷起来，避免中毒。

很早以前，印第安人就利用箭毒蛙的毒液去涂抹自己的箭头儿和标枪头儿。他们用锋利的针把箭毒蛙刺死，然后放在火上烘烤，当箭毒蛙被烤热时，毒液就从腺体中渗出来。这时，他们就用箭头儿在蛙体上来回摩擦几下，毒箭就制成了。一只箭毒蛙的毒液，可以涂抹50个箭头儿或标枪头儿，野兽如果被这样的毒箭射中，会立即死亡。

为什么树蛙冻不死？

有一种非洲蚊子能够在干旱的环境中生存，它可以抵御 –270℃的酷寒。此外，其他的昆虫也能够在低温环境中生存，但能够长期抵抗寒冷的，也许要属南极的细菌了。

最耐寒的较高级动物是树蛙，它的耐寒本领使得它的生存地点比其他两栖动物离北极更近，更能在融雪期的池塘里栖息。大概这能使它处于优势，能在池塘干涸之前就迅速繁殖。

动物·小·知识

科学家们对一块在墨西哥发现的珍贵琥珀进行研究后发现，琥珀中完整保存的一只小树蛙是2500万年前的"超级元老"。

当气温下降到0℃以下，树蛙的肝脏就会把肝糖转变为葡萄糖，葡萄糖有抗冻的作用。在 –8℃以下时，血液会把葡萄糖输送给重要的组织以防止内脏被冻。此时，树蛙体内有65%的流体被冻，没有血液的内脏实际上也停滞了活动，甚至眼球和大脑也凝固了，像死了一样（有一种乌龟也可以做到，但只是暂时的）。但当开始解冻时，树蛙的心脏又开始跳动，并向全身输送含有凝固蛋白的血液，这有助于使被冰晶刺破的伤口处的血凝固。树蛙通过这种方式能很快恢复活力，而它体内被冻僵的寄生虫居然也复活了，这种现象真是令人惊奇啊！

第五章

求知水底世界

在所有的脊椎动物中，鱼类最古老。它有着广阔的生活领域。地球上所有的水生环境，从淡水的湖泊、河流到咸水的大海和大洋，都栖息着鱼类。鱼类相伴人类走过了5000多年历程，与人类结下了不解之缘，成为人类日常生活中极为重要的食品与观赏宠物，但人们对什么动物是"鱼"、鱼的定义应如何下，却知之甚少。还有它们各自有着什么样的本领？水中这些扑朔迷离的谜团既令人惊讶，又令人着迷。

为什么电鳐会放电？

发电机能产生电，这事并不奇怪，但说到鱼类能放电，那就很少听说了。实际上，生长在海洋中的一类软骨鱼——电鳐就能放电，如果人在海洋中遇着它，身体会像受到剧烈打击一样，突然战栗起来。这就是电鳐体内"活的发电机"在放电。

电鳐身上光滑无鳞，身体背腹扁平，头、胸部连在一块，尾部呈粗棒状，因而很像一把厚的团扇。它的一对小眼睛长在背面前方中央处，在身体的腹面有一横裂状的小口，口的两侧各有5个鳃孔，行动迟钝，栖居于海洋底部，最大的个体可长到2米。它分布于太平洋、大西洋、印度洋等热带和亚热带海洋中，我国东南沿海一带也有分布。我国产的电鳐体型较小，很少在0.3米以上。

动物·小·知识

电鳐的放电给了人类很多启示，古希腊人和罗马人用电鳐的电击治疗痛风、头痛等疾病。

那么，电鳐是如何放电的呢？科学人员经过研究，发现电鳐体内长有特殊的发电结构，在其头胸部及腹面两侧各长有一个肾脏形、蜂窝状的发电器。这两个发电器，是由一块块肌肉纤维组织的电板重叠而成的六角形柱状管，大约每个发电器中有600个这样的管。这些"电板"之间充满胶质状的物质，能够起到绝缘的作用。每块"电板"的一面都与神经末梢相联，一面为负电极，另一面为正电极。电流的方向是由正极流到负极，即由电鳐的背面流到腹面。当大脑神经受到刺激或兴奋时，这两个发电器就能把神经能变为电能，放出电来。电鳐每次放电70~80伏特，如果是连续放电，第一次放电能达100伏特，最大的个体放电可在200伏特左右。但在连续放电之后，就显得筋疲力尽，需休息一段时间后才能恢复过来。由此可见，电鳐放电的能力是不小的。它能击毙水中的小鱼、虾及其他小动物。当遇到敌害时，电鳐就放电来保护自己。

　　除了电鳐之外，电鲶和电鳗也会放电。电鲶栖息在尼罗河和西非的一些河流中，它放电的电压是100伏特左右。电鳗生长在中美和南美的河流中，体长约2米，体重约20千克，它的发电器官分布在身体两侧的肌肉中，放电的电压可达300伏特。电鳗的肉味很鲜美，当地人在捉电鳗时，先将一些家畜赶到河里去惊扰电鳗，促使它放电。待电鳗消耗了所带的电量，他们就用渔网和手来捕捉体力已经减弱、暂时不能放电的电鳗，以保证捕鱼人的安全。

为什么比目鱼的眼睛长在一边?

说来有趣,比目鱼刚生下来可不是这样子,它的怪样子是后来慢慢形成的。当它还是小鱼的时候,长得和它的父母一点都不像,和一般的小鱼长相差不多,两只小眼睛规规矩矩地长在脑袋的两边,每天都在水中游上几圈,寻找食物,悠闲自在。可是,当长到快一个月的时候,小比目鱼的身体就开始变形,它的身体变成侧扁形,左右也不对称了,而且竟然横躺着游泳!

说到这里,你或许会问,比目鱼怎么会长成这个怪样子呢?事实上,这是大自然进化的结果。它经常在海底横卧生活,向着海底一面的眼睛也就失去了作用,所以,它把眼睛移上来。这样,不管是猎取食物还是躲避敌人的追踪,两只眼睛总比一只眼看得广阔。看来,自然造物真是神奇!不过,比目鱼的这种奇特性,是通过遗传来实现的。

动物·小·知识

由于比目鱼的两只眼睛长在一边。所以在游动的时候需要两条同类别的鱼来辨别方向。一般比目鱼有着成双成对的含义。后以喻形影不离,或泛指情侣,所以比目鱼又被人们看做爱情的象征。

比目鱼不光眼睛会挪动,还是名副其实的"变脸高手",它的皮肤颜色会随着环境而变化。海底的泥沙是什么颜色,它的皮肤就会变成什么颜色。为了弄清楚这个问题,有人曾做过一个实验。

准备几个不同背景色的鱼缸,然后把比目鱼分别放在里面。结果发现,原来一模一样的比目鱼，竟然分别变得和背景色一样了。接着，研究人员把背景色换成了黑白方格图画，想有意为难一下它。可没想到的是，没过多久，比目鱼身上也变成了黑白斑纹。比目鱼这种皮肤变色的本领，比陆地动物变色龙更胜一筹。不管在什么地方待着，比目鱼朝上一面的颜色总能变得和周围环境的颜色一模一样。如此一来，它不仅能逃过敌人的侵犯，还能隐蔽地待着，采用守株待兔的方法抓捕猎物，真是一举两得。

更不可思议的是，它的眼睛也开始"搬家"。经过不长的时间，它的两只眼睛居然长到了身体的同一边。比目鱼怎么会有这本事呢？这和它的头骨有关系。比目鱼的头骨是由软骨构成的，当眼睛开始挪动时，两眼之间的软骨被身体吸收掉了。这样，眼睛的移动没了阻碍。俗话说，牵一发而动全身。眼睛一变动，全身也要跟着变。这时，它再也不能漂浮着游泳，只好横卧海底了。

除了用变脸保护自己外，比目鱼还有一项独门绝招，而且这招是专门对付海中一霸大鲨鱼的。当鲨鱼张着贪婪的大嘴游过来时，比目鱼会立即打开身上的毒腺，瞬间射出一种乳白色的液体。一旦鲨鱼沾上这种液体，上下颌就会麻痹，嘴巴合不拢，即便再着急也无可奈何，没办法，只得眼睁睁地瞧着比目鱼游走。这种液体要是能人工合成出来，肯定是最有效的防鲨药物。

为什么弹涂鱼离开水也能生活？

在鱼类家族中，大部分鱼儿离开了水都不能生存。但也有例外，比如弹涂鱼，它在陆地上待的时间比在水中的时间还长，还能爬树、捕食昆虫。

如果你到澳大利亚东北海岸考察，会发现那里有一片红树林。虽然周围全是沼泽地，鳄鱼也经常出没，可对弹涂鱼来说，这里简直就是一个天然乐园。仔细观察，你就会看到弹涂鱼非常忙碌，有的蹦来蹦去，有的快速穿梭，还有的在淤泥中打洞。因为它们喜欢跳跃前进，就有了"跳跳鱼"的美称。

身体侧扁，黑褐色的背，灰色的肚子，穿着绿褐色斑点的时尚外套，这就是弹涂鱼的真面貌。不过最引人注目的，要数它头顶上那双大而突出的眼

睛。这双大眼睛转动灵活，对天空和水中的危险都了如指掌。虽然能离开水，但它的眼睛必须保持湿润，否则视力会大打折扣，看不清东西。在它的眼窝中，藏有一个小水袋，它经常会把眼球拉回眼窝里湿润一下，这样，经过浸润的眼球又变得明亮犀利了。

别看弹涂鱼的样子怪，它的本事可不小！在离开水后，它们照样能够呼吸。其实，这全仰仗自己的秘密武器。它的鳃腔很大，里面可以贮存大量的空气。同时，皮肤上布满了血管，能辅助它们呼吸。即便天气炎热，它们也不怕，还会利用自己坚韧的胸鳍、锋利的牙齿和宽大的嘴巴在沼泽地上挖一个小洞，躲在里面避暑纳凉，真是悠然自得。

弹涂鱼身长仅10厘米，貌不惊人，一点也不起眼。但科学家却发现了一个惊人的事实。弹涂鱼每次爬上岸边，准备抓虫子时，它都会重复一个动作，先把尾巴连同尾鳍都伸在水里，然后一下子腾空而起，捕食飞虫。等到着地后，它仍然会把尾巴放进水里。这是什么原因呢？

原来它是为了使身体各个部位保持潮湿润泽，把尾巴伸到水里，就可以取水。如此一来，它的身体表面会继续分泌大量的黏液，从而获取空气中的氧。过去，人们认为弹涂鱼的尾巴可以从水中摄取氧气，但后来才发现情况不是这样。它的尾巴基本上不吸氧，呼吸全靠身体表面。尽管如此，它尾巴的作用也非同小可。

春季一到，弹涂鱼就该谈婚论嫁了。这时候，雄鱼就会找一块安全的地方，挖个半米深的小洞，为自己准备"新房"。为了展现自己的魅力，雄鱼会跳一种独特的舞。它不断地往嘴和鳃腔里充气，这样脑袋就会膨胀起来。同时，它还会拱起背，竖起尾鳍，接二连三地扭动身体，如果有另一条雄鱼出现，这条雄鱼跳得就会更加卖力。不然，"意中人"就会被抢走了！

在这期间，雄鱼不能一味地跳舞，还要察言观色，留意雌鱼的表情。如果雌鱼满不在乎，跳得再好也是白搭。要是雌鱼满意，雄鱼会不断地在洞口钻进钻出，来表达自己的诚心。直到雌鱼尾随而入，雄鱼就会极快地跳回洞中。同时，用一块小泥巴堵上洞口，开始过甜蜜的二人世界。

为什么泥鳅经常吐泡泡?

泥鳅是脊索动物,属于鳅科。鳅科是世界上现存鱼类中最多的一类,有2万种以上,是日本、朝鲜和东南亚诸国常见的小型淡水鱼类。我国除青藏高原外各地淡水中均产,而尤以长江和珠江中下游产量最高。泥鳅常在夜晚出来觅食,以昆虫、扁螺、水草为主食,有时也吃腐殖质。

泥鳅身体细长,全身上下一般粗细。它全身滑溜溜的,富有黏液。泥鳅身上没有大片的硬鳞,只有一层几乎看不到的细小鳞片。它的尾巴上长着圆形的鳍。这样的体形非常适合在水中泥底钻来钻去。因为它经常与泥土打交道,因此人们称之为"泥鳅"。

泥鳅潜土时,口边的须有探找泥中食物的功能。栖息于静水的底层和有

腐殖质的淤泥中，喜欢在底层活动。每到冬季，它便钻入水底的淤泥深处长眠，以抵御严寒的侵袭。当次年水温超到5℃时，泥鳅就开始出穴活动。

动物·小·知识

当河水干涸后，水底的淤泥已经开始龟裂，其他鱼类一般都已死亡，而泥鳅在泥中尚能存活很久。这时在龟裂的泥块上找到泥鳅的出气孔，就很容易确定泥鳅的位置，从而捕捉到它。

泥鳅还有一个奇怪的现象，就是经常吐泡，那么其原因是什么呢？由于泥鳅长期生活在污浊水域与淤泥等缺氧环境条件下，所以，它不但具有用鳃呼吸的本领，同时其肠和皮肤也能进行呼吸，吸收氧气，排出二氧化碳。当水中缺氧时或泥鳅处于泥浆中鳃不能进行气体交换时，泥鳅的口可以直接吞入空气，空气进入布满血管的肠内，其中的氧气就可以通过血管进入泥鳅体内，其体内呼吸排出的二氧化碳通过血管进入肠内。肠内多余的气体与二氧化碳等气体，经由肛门排入水中，因此水中就出现了一串串的小气泡，这些气泡是它进行肠呼吸时排放的废气。可见，泥鳅并不是在吐气泡，而是类似一种"放屁"的现象。

泥鳅的生殖方式很独特。它分批产卵，一年可产2~3次。生殖期因地域而不同，一般在4~8月，以5月下旬至6月下旬气温25℃左右最盛。卵黄色，半透明，直径1毫米左右，微黏。泥鳅个体越大，产卵就越多。大多数泥鳅属于体外受精，卵生，少数泥鳅发育过程中会出现变态。

为什么鲑要洄游？

　　鲑属硬骨鱼纲，鲱形目，是北半球原产的洄游鱼，主要生活区是太平洋和大西洋的北部，喜欢清澈的水域。虹鳟、姬鳟和大马哈鱼都是鲑的同类。

　　寒冷的北国就是鲑的故乡，它们出生于河川的上游。冬天时卵渐渐长出眼睛，然后孵化出带有卵黄囊的幼鱼，这时的幼鱼还没有口，所以只能从卵黄囊中摄取营养。

　　鲑渐渐地成长到5~7厘米时，卵黄囊消失，背部出现椭圆形的花纹，这是大部分鲑类共有的特征。此时，幼鱼就可以出海了。它们和雪融化后汇成的水流一起向河川下游前进，流入大海。

　　流入大海的幼鱼靠吃海上的浮游生物和附着在海藻上的生物成长。它们退潮时游向大海，涨潮时游向河口，逐渐地适应海洋里的生活。2岁龄的幼鱼背部的椭圆形花纹消失，体色转为银白，开始向外洋游去，准备过全新的生活。

3~4岁时，生活在广阔大洋中的鲑就长成了1米左右的成鱼。主要以鲱、鲽、鲳鱼和乌贼为食。成年的鲑在9月产卵期会成群结队地向自己出生的河川游去，约有99％的鲑能十分容易地找到自己出生的河川。这时雄性鲑的上下颌会弯曲，体上出现红色的花纹。

动物·小·知识

鲑鱼有很多的天敌，海洋中有鲨鱼，陆地上有灰熊，天空中有白头海雕等各种各样的猛禽。对于小小的鲑鱼来说，这些都是极其危险的存在。

鲑的习性中有一点最受人们关注，就是它回归的本能。它从浩瀚的海洋中游回到出生的河川，然后溯上到出生地，这一切是怎么办到的，它们又是如何找到自己出生地的呢？

人们对此有多种解释，其中最为著名的是"嗅觉回归说"和"太阳指针说"。"嗅觉回归说"认为，鲑是凭着嗅觉的记忆找到河川的，它们对出生河川的味道一直存有记忆，到了河口附近时，便可分辨出那种熟悉的味道而找到"家"。"太阳指针说"则认为，鲑是依照时刻和太阳的位置而给自己和河川定位的。这其中又以"嗅觉回归说"最为可靠，也最为科学界所认同。

蝴蝶鱼为什么会倒着游?

　　海洋中的鱼类真是千奇百怪，姿态万千，绚丽多彩，其中有一种鱼叫做"蝴蝶鱼"。这种鱼很特别，它的身体呈菱形，全身有数目不等的纵横条纹或花色斑块，它的特别之处在于尾部有一块非常醒目的黑色斑块，如同眼睛一般。它的这个"伪眼"能让敌人认为它的尾部是头。在受到追击时，蝴蝶鱼就会倒着游，当敌人凶猛地扑向鱼尾时，蝴蝶鱼却一摇尾巴，快速地逃跑了。

　　蝴蝶鱼除了尾部的伪装外，它们的身体还能随着周围环境的改变而变

换体色。它们的体表上有大量色素细胞，在神经系统的控制下，这些细胞可以展开或收缩，使身体呈现不同的色彩。这样，它们就可以混在珊瑚丛里，躲过敌人的追捕。蝴蝶鱼改变一次体色只需要几分钟，有的甚至只要几秒钟。

动物小·知识

蝴蝶鱼捕食动作奇特，可跃出水面犹如海洋中的飞鱼。平时蝴蝶鱼顺水漂流，一旦有昆虫飞临，即使离水面数十厘米，也可跃出水面捕食。

蝴蝶鱼长得很漂亮，游在水里时如同一只展翅的蝴蝶，因而得名。蝴蝶鱼对爱情非常专一，它们通常都是成双成对的，在珊瑚丛里玩耍时，总是形影不离。当一条蝴蝶鱼在捕食的时候，另外一条蝴蝶鱼就会在它周围不停地游动帮它警戒，就像是海中的鸳鸯一样。

鲨鱼为什么只能生活在海里?

鱼类分为软骨鱼和硬骨鱼。硬骨鱼是靠鱼鳔的伸缩,才能自由地在水中升降。鲨鱼属于软骨鱼,没有鱼鳔,它的升降主要是依靠水的浮力来完成的。海水中的盐分比淡水中的高,浮力相对较大,所以鲨鱼只有在海里才能自由地游动。

动物·小·知识

鲸鲨是现存鲨鱼中最大的,也是现存鱼类中最大的。海洋中最凶猛的莫过于大白鲨,它们强有力的下颚可以撕碎几乎任何它们的猎物,它们生活在海洋生物链的顶端。

鲨鱼素来都是海中的霸王,以凶残著称,人们往往闻之色变,而美国科学家大卫·鲍德里奇经过研究认为,仅有少量鲨鱼伤人是由于饥饿所致,而大多数鲨鱼在袭击人时,仅仅是咬上一口就离去了。假如是在混浊的海水里,鲨鱼袭击人可能只是出于误会。另一种解释认为,鲨鱼把它的受害者视为一种威胁,也许是游泳者在无意之中打扰了鲨鱼的求爱追逐,或是阻断了它的逃跑路线,因此就理所当然地遭到了鲨鱼的攻击。

剑鱼的"剑"有多锋利?

　　剑鱼长着锋利的吻剑,人们曾领教过它的厉害。1886年11月,美国"德列德诺乌图"号帆船从科伦坡港启航驶往伦敦。在航行过程中,船员们钓到了一条剑鱼。可是这个脾气暴躁的家伙不甘心做船员的俘虏,狂怒中一头撞向船舷,长达1米的吻剑竟然把包有铜皮外壳的船帮刺出了一个窟窿,海水顿时涌进舱内,搞得"德列德诺乌图"号帆船差点儿遇险沉没。

　　剑鱼为什么有如此惊人的力量,它那把骨剑又为什么如此锋利呢? 剑鱼全长3.5米,据说有的超过5米长,长剑一样的上颌占到身长的三分之一。上颌差不多有下颌的4倍长。它在捕食时,先用长长的上颌在鱼群中搅和,把小

鱼打得无法动弹，然后才慢慢享用。

剑鱼虽然体形庞大，但它的动作非常敏捷，能以极快的速度游很长的距离。平时，剑鱼在海面附近游动，有时会浮出水面，但偶尔也会潜入500~800米以下的深海追逐鱼群。

动物小·知识

剑鱼快速游泳的体型为飞机设计师提供了活生生的设计蓝图。设计师仿照剑鱼外形，在飞机前安装一根长"针"，这根长"针"刺破了高速前进中产生的"音障"，这样超音速飞机就问世了。超音速飞机的出现，也是仿生学的一大成功。

此外，剑鱼的肌肉非常发达，即使锋利的斧头，也难以剁开它的身体。它的椎骨之间有一软骨圆盘，极富弹性，可起到缓冲作用。特别是吻剑的结构，具有相当惊人的缓冲能力，在剑体内部还有一个充满脂肪的空囊，可以承受很大的外界压力。因而剑鱼在攻击时的瞬间冲刺速度可达到每秒55米，简直快如闪电。剑鱼进攻时将全身所有的力量全都集中在剑尖儿上，所产生的冲击力相当于我们用大铁锤敲击物体时所产生的打击力的15倍，这样的力量再加上锋利的剑尖儿，难怪铜皮外壳的船帮也会被刺穿了！

实际上，剑鱼即使没有受到人的伤害也常常对行驶在海上的船只发起进攻。那么，这个家伙为什么要攻击船只呢？目前，学术界主要有三种解释：一种认为，剑鱼的游速极快，跟步枪射出的子弹速度差不多，它们在急游中来不及避开船只，所以常与船只碰撞，将利"剑"刺了进去；另一种认为，剑鱼有攻击鲸类的习性，可能把海上行驶的船只错当成鲸，因而才发动攻击的；还有一种认为，海上的船只在航行时干扰了剑鱼的生活，激怒了它们，所以才会发生"撞船"事件。不过，剑鱼对船只进行攻击也会给自己惹很大的麻烦，它们长长的利"剑"刺进木船以后，往往很难拔出来。要恢复自由，除非折断吻部。这种行为可真是害人害己！

鳗鱼从何而来?

　　鳗鱼中最为人所熟知的便是欧洲鳗鱼（鳗鲡科），尽管鳗鲡科是唯一一个几乎终生栖息在淡水中的物种科，但欧洲鳗鱼生命史的特性却足以代表其他鳗鱼科物种，这绝不仅仅只因为几个世纪以来，人们对鳗鱼的生殖繁衍仍然存在许多疑点。

　　早在古希腊罗马时期，鳗鱼就是重要的食物来源。亚里士多德和普林尼就曾描写到，大鳗鱼游入海洋，而小鳗鱼则从海洋游至淡水中。其他淡水鱼类在繁殖季初期产下卵或精子，而鳗鱼却并非如此，因此人们断定鳗鱼是"异

类"，由此产生的推测不胜枚举。亚里士多德认为新生鳗鱼来自于"地球的内部"，而普林尼则认为它们是由鳗鱼成鱼的皮肤被岩石刮蹭下来的碎片发育而来的。在他们之后的各种推测更加不着边际，譬如，18世纪流行的说法是鳗鱼系由马尾中的毛变化而来，19世纪时人们又将小甲虫视为鳗鱼的源头。而最终所发现的真相，几乎如同侦探小说的结局一般，出乎所有人的意料。

过去的几个世纪中，人们曾经捕获及食用了数以百万计的鳗鱼。1777年，博洛尼亚的蒙蒂尼教授首次确认鳗鱼发育中的卵巢。1788年，斯帕兰扎尼对蒙蒂尼的发现提出质疑，他认为科马基奥湖中出产的1.52亿条鳗鱼从来都不曾具有这种卵巢结构，但遗憾的是，斯帕兰扎尼忽略了一点，即鳗鱼能游至海洋，甚至能在潮湿的夜间穿越陆地。1874年，在波兰，人们在一条鳗鱼身上发现了睾丸器官。但直至1897年，人们才在墨西拿海峡捕获到第一条性成熟的雌性鳗鱼。至此，所谓的甲虫神秘演变说终于告一段落。可以确定的是，鳗鱼一定是在海洋中产卵的，但究竟在哪里呢？当鳗鱼重新出现在海岸附近的水域中时，已经长约15厘米，为什么人类从未捕捉到更小的鳗鱼呢？

动物小·知识

盲鳗吃大鱼的方法十分巧妙，它从大鱼的鳃部钻进大鱼的腹腔，先吃内脏，再吃肌肉。用不了多久，就能把大鱼的内脏和肌肉吃光，然后钻出来，寻找新的捕杀对象。由于这种鱼经常在大鱼的腹腔内活动，见不到阳光，两眼已经退化，所以人们称之为"盲鳗"。

1763年，这个问题有了答案，只是当时的人们尚未意识到这一点。提出这个答案的动物学家西奥多·格诺威尔斯用图画描绘出一种类似柳叶的透明鱼，并称之为柳叶鳗。1896年，格拉西和卡兰多西奥（发现性成熟的雌性鳗鱼的两个生物学家）捕捉了2条柳叶鳗，并将其养殖在水族箱中。他们在靠近海岸处捕捉的这两条柳叶鳗正处于变形期，因此它们在水族箱内的变形过程至少揭示了鳗鱼繁殖的部分秘密。

此后，人们就开始积极寻找柳叶鳗和鳗鱼的繁殖场。约翰尼斯·斯米特依照体型减小的顺序追踪柳叶鳗的个体，最后他发现这些柳叶鳗中最小的个体体长1厘米，来自于北纬20°~30°、西经48°~65°的大西洋西部——藻海。

在随后的许多研究成果的支持下，如今我们已然知晓欧洲鳗鱼的繁殖期可能开始于2月末，直至5月或6月，位于水下约180米的中等深度（经过6400千米的迁徙后，成鱼的眼睛变大了），水温则约为20℃，藻海就是少数几个在180米深度还能保持这个温度的水域之一。鳗鲡属在全世界有16个物种，都在较深的温暖水域中繁殖，但只有欧洲鳗鱼和美洲鳗鱼2个物种在藻海繁殖。然而，人们还从未在藻海捕获到任何鳗鱼成鱼，也没有在该地区搜寻到鳗鱼卵的踪迹。

飞鱼为什么能飞？

当人们乘船在大西洋、太平洋以及印度洋的海面上航行时，有时会发现突然从海中冲出一大群银白色的鱼，它们几百条聚集在一起，能在离开水面几米处飞行几十米甚至上百米的距离。这种会飞的鱼就是飞鱼，你一定会感到奇怪，鱼为什么能飞呢？原来，飞鱼有着一身结实的肌肉，它的腹鳍很长，而且紧贴在身体两侧，尾鳍的下叶比上叶长，这种鳍的结构使飞鱼具备了飞行的条件。

动物·小·知识

飞鱼的飞动主要是逃离捕食者。其飞跃的高度足以跳到水上的船只甲板，人们在黎明时刻常常会发现掉落在甲板上的飞鱼。

飞鱼在起飞前，往往先摆动胸鳍，尾巴猛烈摆动，加快游泳速度。然后借助胸鳍产生的上升力和尾鳍产生的前进力，跳出水面起飞。当飞鱼猛地一下蹿出水面的时候，它那对宽大的胸鳍在身体两侧展开，就像鸟的翅膀一样，产生的浮力能把它送出水面。严格地说，飞鱼的飞动并不是飞行，只能算是滑翔。

刺河豚为何会膨胀？

刺河豚栖息在印度洋和地中海中。如果水面风平浪静，刺河豚看上去并没有什么特别之处，如果遇到危急情况，刺河豚马上就会变成另一副模样，进入紧急防御状态。变化体型是刺河豚防御外敌的自卫武器。

动物小知识

刺河豚有一个绝招，那就是与侵犯者同归于尽。刺河豚的血和内脏都有剧毒，即使成为侵犯者的口中餐，也得让食者拿命来，真是一种可怕的小鱼。

刺河豚体上长有许多密密的针刺，这是一种变形的鳞片。平时，这些鳞片大多贴在刺河豚的身体表面，一旦遇到危险，刺河豚就会立即冲到水面，大口吞咽空气，使身体膨胀成一个圆球，全身的刺状鳞片也向四周竖起。它仰面躺在水面上，腹部朝上，有一部分身体沉入水下，这样不管是来自水上和水下的进攻都能抵挡。排除危险后，刺河豚就会大大地松一口气。放出空气后，它的身体自然恢复原状了。

为什么南极鳕鱼不怕冷？

　　鳕形目鱼类统称鳕鱼，它是海洋世界中的大家族，目前已知的鳕鱼有500余种。南极鳕鱼是世界上最不怕冷的鱼，因为在南极寒冷的冰水中，它们能够冻而不僵。

　　南极鳕鱼生活在南大洋寒冷的海域。即使南纬82°的罗斯冰架附近，都有它们的生活踪迹。南极鳕鱼体型粗短，长达40厘米，体表呈银灰色，并略带有黑褐色斑点，头大，嘴圆，唇厚。它的血液呈灰白色，没有血红蛋白。

　　南极鳕鱼具有极强的抵御低温的能力。因此南极鳕鱼除作为重要的渔业资源而进行商业性开发外，其抗冻能力也备受重视。

　　有关鱼类生理学的研究结果表明，一般鱼类在-1℃时就会被冻成"冰棒"。但南极鳕鱼却能在1.87℃的温度下自由自在地生活。这是为什么呢？

　　原来，是南极鳕鱼血液中的"糖肌"即"抗冻蛋白"在起作用。这是一种特殊的生物化学物质，能够成功抵御寒冷的侵袭。

　　抗冻蛋白的分子具有扩展的性质，其结构表面存在与水或冰相互作用的区域，从而能降低水的冰点，防止南极鳕鱼体液冻结。

光睑鲷为什么要发光？

　　今天我们已经知道，除了少数鱼类能发光外，还有一部分蠕虫、海绵、珊瑚虫、水母、甲壳动物和昆虫等也会发光。不过，据科学家研究，光睑鲷的发光器是所有发光动物中最大、最明亮之一。在黑暗中，一条光睑鲷发出的光亮，能够使离它2米远的人看出手表上显示的时间。因此，水下科学考察工作者和潜水员，常常在透明的塑料袋中放入一条光睑鲷，作为水下照明工具。

　　光睑鲷体长只有8厘米，是一种暗色小鱼，与我们常见的金鱼大小差不多。它生活在印度尼西亚到红海之间的上层水域，有时也出现在火山湖之中。它的两只眼窝下面，各有一个新月状的大型发光器官，就像电灯一样，还具有"开关"装置。如果光睑鲷眼睑下的盖膜暂时遮住了光源，光就隐没了；如果盖膜启开，就会发出闪闪烁烁的蓝绿色亮光。众多的鱼聚集在一起，就像倒映在水中的点点繁星，非常美丽，这给漆黑寂寞的大海增添了不少生机。

　　光睑鲷的亮光是如何发出来的呢？据科学家研究，它和其他许多发光鱼类一样，依靠与自己共栖的细菌作为光源。一条光睑鲷的每个发光器官中，大约生存着100亿个细菌。当这些细菌消耗从鱼的血液里供应的养料和氧气时，就把化学能转变为光能，于是就发出光来。即使在鱼死去的几个小时里，发光器官仍会继续发光。可见，光睑鲷和细菌是相互依赖的，前者靠后者的发光招来食物和联络伙伴，后者靠前者的血液供应养料和氧气，维持生命。

　　光睑鲷为什么要发光，这样不会招来麻烦吗？为了弄清这个问题，海洋生物学家进行了大量研究，他们发现光睑鲷发光对其自身至少有以下两大好处：

第一，能引诱猎物"上门"。在黑暗的夜间，光睑鲷发出的明亮闪光，可以引来许多小型甲壳动物和蠕虫，这样就能不费力气地享用美餐。

动物小·知识

通常，光睑鲷在没有月亮的夜间，群集在水的表层。它们一般是几十条一起活动，多时可达100~200条。它们游动时没有一定的方向，常常形成一个类似球形的活动范围。夜间，这种鱼每分钟闪光2~3次，当受到惊扰时，闪光次数会明显增多，每分钟可以达到75次。

第二，可联络同类。海洋生物学家在潜水观察时，通过反射镜引诱光睑鲷，发现它们会追逐自己的影像，并不断改变闪光形式。另外，如果两条光睑鲷相遇，彼此间的闪光形式就会相应地发生变化。

科学家们为了进一步证实这个现象，他们把一个光睑鲷模型放进实验室的水族箱，让一条真的光睑鲷和它相见。结果活鱼不但追逐这个鱼模型，而且一个劲儿地变幻自己的闪光，像是在和它打招呼或说话似的。科学家们据此解释说，光睑鲷可能通过闪光形式的改变，进行交谈和通讯，只不过我们现在还"听"不懂鱼类的"语言"。

至于光睑鲷发光会不会给自己带来麻烦，科学家们的看法还不一致。有些海洋生物学家认为，光睑鲷在发光引诱猎物的同时，也招来了一些危险的敌害，如龇着满口锋利牙齿的鲨鱼，会让光睑鲷成为它的腹中之果。在一些鲨鱼的肚子里确实发现过光睑鲷的残骸。

另一些海洋生物学家却不同意这种观点。他们认为光睑鲷在遇到像鲨鱼这样的敌害时，会使用两种办法来对付：一是立即拉上盖膜，把光亮遮住，使敌害不知其所在；二是在受到敌害威胁时，快速增加闪光次数，用来模糊对方的视线。这样一来，敌害就无法伤害它们了。

看来，以上两种观点似乎各有道理。要弄清这一问题，还需要科学家进一步观察和研究。

为什么海马要直立着游泳？

　　海马长相奇特，非常引人注目。这种拇指大小的鱼，却有一个大大的马脑袋似的头，并且总是高高地扬起。有些人不认为海马是鱼，其实，海马真的属于鱼类，只是长相不同于其他鱼类罢了。

　　然而，令人们称奇的是，海马是整个鱼类中唯一能直立着游泳的，这在世界上也是极其稀少的。平时，海马吃最小的甲壳动物和在水里游动的小动物。由于海马的游泳速度不快，防御能力不强，所以在残酷的生存环境里，它只好尽量伪装自己，以免受到敌害的袭击。它常常用那蜷曲成螺形的细长尾巴，把自己缠绕在海藻或岩石上。它那奇怪的皮肤在敌害看来，与一堆海

藻或一块岩石没有什么区别。

尽管海马善于伪装自己，然而它也有自己的天敌。无论它伪装得多么巧妙，都逃不脱敌害龙虾的捕食。因为龙虾在觅食时，不管是什么，都会拿起来放进嘴里尝一尝，海马也就很容易成为龙虾的美餐。

另外，海马的眼睛不同于其他动物的眼睛。它的两只眼睛长在一个骨质的塔形结构上，这个塔形结构能够向不同的方向转动，所以海马经常给予两只眼睛不同的任务。它们常常会用一只眼睛搜索食物，而另外一只眼睛却在机警地环绕四周，随时观察四周有没有敌人也在伺机捕获它们。

海马很聪明，不但知道如何躲避敌人的追杀，而且还经常会用细长而弯曲的尾巴卷在一些海底的水藻、海草或者珊瑚上，保持一动不动的姿态，伪装起来，而它们的颜色和形态也赋予它们伪装的条件。

为什么说文昌鱼是鱼类的祖先？

　　文昌鱼又叫鳄鱼虫或扁担鱼，是世界上海洋珍稀动物之一，属于头索纲，文昌科。它是脊索动物中最原始的类型，5亿年前就已经出现在地球上了，被称为"活化石"、"鱼类的祖先"。文昌鱼是研究生物从无脊椎动物向脊椎动物进化过程中最重要的一环。

　　文昌鱼是福建厦门的名贵特产，它的主要产地在厦门市同安县刘五店，并因刘五店岛屿上有个文昌鱼阁而得名。刘五店是世界上唯一的文昌渔场。近年来，在厦门岛东部的前埔村与大担之间，又发现文昌鱼的新渔场。因为文昌鱼有着较高的研究价值，所以被列为我国国家二级保护动物。

　　厦门文昌鱼个头很小，长3~6厘米，每千克有近万尾之多，全身半透明，

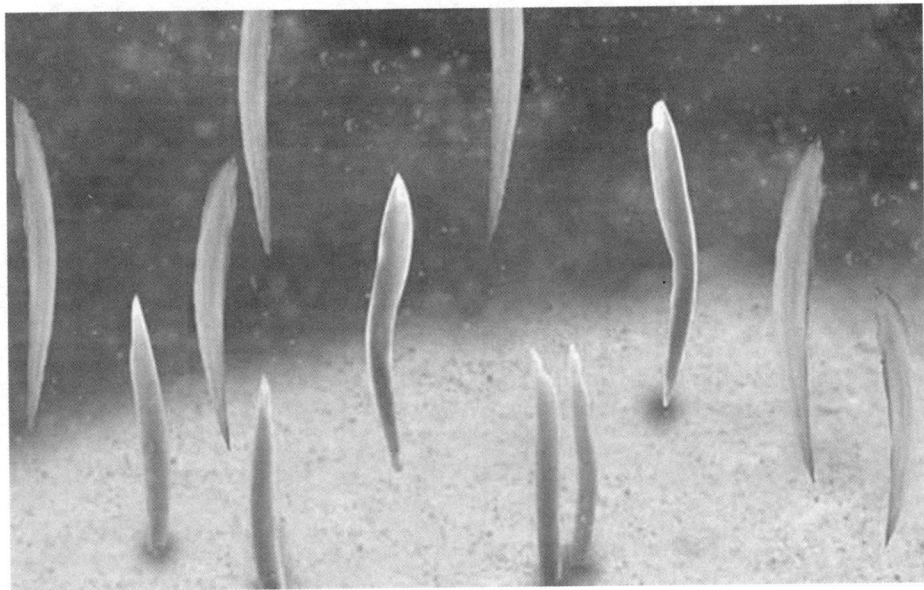

头尾两头尖，国外又称"双尖鱼"或"海矛"，活鱼体色稍带粉红色，全身半透明，可以看到一节节的肌肉组成，以及身体背部的神经索。文昌鱼没有明显的头部，更没有集中的嗅觉、视觉、听觉等感觉器官。它的全身也没有长鳞片，没有偶鳍，没有骨质的骨胳，主要是脊索作为支持身体的结构，脊索就像一条富于弹性的棒状物纵贯全身，这也是人们把它归属脊索动物的依据。

动物·小·知识

传说在古代，文昌皇帝骑着鳄鱼过海时，从鳄鱼口里掉下许多小蛆。当这批小蛆落海之后，竟然变成了许多类似鱼样的动物。为纪念文昌皇帝，人们把它们叫做"文昌鱼"。

文昌鱼喜欢在潮汐不大、沙滩较大、风平浪静的内海浅湾栖息。幼鱼生活在泥、沙交界的细沙中。所以文昌鱼常会栖息在江河汇合、透明度较高的浅海海底，平时很少游动，游泳时能够保持每分钟60厘米的速度。文昌鱼连游50秒后会突然停下，沉入海底。虽然弱小的文昌鱼没有自卫能力，但是它具有惊人的钻沙本领，它喜欢生活在夹有少量贝壳的粗沙里，这样便于钻洞和呼吸。白天，它躲在沙中；夜间，它就出来觅食。它不会主动去追捕猎物，而是将身体埋入泥沙，只露出身体前端，依赖口部纤毛摆动形成的水流，将浮游植物和氧气带入口和咽部。它的消化系统也很简单，肠还没有分化，看起来只是一个直筒。文昌鱼垂直游泳，有时就像脱弓的羽箭射到水面上。由于文昌鱼走上适应泥沙、少活动的进化道路，故未能成为脊椎动物的直接祖先。

雌雄异体的文昌鱼，在体形上并无性别上的差异。到了繁殖季节，它们就双双钻入泥沙中，生殖细胞成熟后排到海水中，完成受精过程。受精卵在第二天上午就能发育成幼鱼，并能自由游动。3个月后，幼鱼就能长成成体，1年后幼体才能繁殖。

双锯鱼为什么要寄居在海葵上？

双锯鱼属硬骨鱼纲，鲈目，雀鲷科。双锯鱼的体色很美，分布于印度洋与太平洋的热带珊瑚礁，共有十几种，因为与肠腔动物里的海葵共生而又名海葵鱼。

海葵利用触手上的刺细胞对鱼进行麻痹，然后吞入胃腔，所以通常鱼类都不敢接近。但是大部分的双锯鱼却可以毫不在乎地在这些触手中穿梭，因为双锯鱼的皮肤可以分泌一种黏液，这种黏液能够保护它们不受海葵侵犯。

海葵的活动范围就是双锯鱼行动的领域，如果寻觅到食物后，一定会将

食物带回此领域范围，它们吃剩的食物就成了海葵的食物，至于双锯鱼是否有意将食物给海葵吃，就不得而知了。通常一只海葵上有雌雄两条双锯鱼寄居其内。海葵的保护使得双锯鱼免受其他大鱼的攻击，而双锯鱼亦可利用海葵的触手丛安心地生活。而双锯鱼亦可除去海葵的坏死组织及寄生虫，同时双锯鱼的游动也可减少各种残屑沉淀在海葵丛中。双锯鱼还可以借着身体在海葵触手间的摩擦，除去身体上的寄生虫或霉菌等。二者可以说是海洋中互利共生的典型。

动物小·知识

　　双锯鱼并非生来就不怕海葵触手的毒刺，而是要经历一个对毒素脱敏的过程。这个过程的时间可长可短，从几分钟到几个小时，因双锯鱼和海葵的种类不同而异。双锯鱼先用尾巴或腹面的一部分去碰海葵的触手，被刺一下就快速离开，然后再回来，将其身体越来越多的部分和触手接触，直到能全身没入触手丛中而无任何影响。

　　双锯鱼不仅依附海葵而生，甚至卵也产在海葵栖息的岩壁上。其卵的一端会有细丝固定在石块上，雌雄共同护卵，由雄鱼用鳍拨水以除去卵上的尘埃，孵化后的幼鱼浮在水面上，1~2周后即可过海底生活。

　　有不少鱼在生殖后会做性转换。有些种类的鱼最初是雄鱼，然后变为雌鱼；有些种类的鱼最初是雌鱼，然后变成雄鱼。蓝带裂唇鱼就是由雌鱼变雄鱼。

　　根据研究得知，双锯鱼的性转换是由雄鱼变为雌鱼的。一般鱼类的优劣顺位是大型鱼列为优位，而雌双锯鱼的体形比雄双锯鱼大，所以形成以雌鱼占优势地位的情形。雄鱼中只有占有最优位者，才能参加繁殖行为，而其求爱行动就是清理产卵床，接触雌鱼身体等。当雌的最优位鱼消失时，最优位的雄鱼才会变成雌鱼。雄鱼中最优位者采取像雌鱼般的攻击行动，其他不能变为雌鱼的雄鱼只有为雌鱼所支配，有时甚至遭受攻击。

魔鬼鲨为什么能自我爆炸？

　　魔鬼鲨又叫加布林鲨鱼，是一种生活在深海的凶猛的食人鲨，"魔鬼鲨"之名也由此而来。它的牙齿就像一把把寒光闪烁的三角刮刀，锋利无比。特别是魔鬼鲨的鼻吻，比以凶猛残忍著称的虎鲨的鼻吻还要尖、还要长，样子十分恐怖狰狞，让人望而生畏。

　　加布林鲨鱼的特别之处并不在其凶猛，而在于它的自我爆炸。到目前为止，世界上还没有任何人看到过一条活的魔鬼鲨，更别说活捉到一条完整的魔鬼鲨了，因为魔鬼鲨一旦身陷困境而又不能脱身时，它就会将自身炸得粉碎，情愿粉身碎骨也不愿成为阶下之囚。所以一般情况下，人们见到的只不过是魔鬼鲨支离破碎的残体而已。

动物小·知识

加布林鲨鱼是以在其吻部的电子敏感器官来侦测猎物。一旦加布林鲨鱼发现猎物，它就会突然伸出颚，以像舌头的肌肉将猎物啜入前齿。它们一般捕食深海的石头鱼、头足纲及甲壳类等猎物。

魔鬼鲨自爆后留下的身体碎块，与砖石或瓷器的破碎情况极为相似，几乎所有的断口都参差不齐。魔鬼鲨的皮肉很厚，缺乏韧性和弹性，表皮坚硬得如同陶器制品一样。瓷器碎片的断口可以完全拼接在一起，爆炸后的魔鬼鲨碎片也可以拼接，甚至可以丝毫不差地呈现其本来面貌。

现在，人类对魔鬼鲨在危难关头自爆身亡的秘密仍然一无所知，因而究竟是魔鬼鲨的哪些身体构造可以爆炸，对于人们来说，仍就是一个谜团。